WEEKLY STUDY PLAN

Name of the Test ←テスト名を書こう。

Test Period ← テスト期間

Date　To-do List ← やることを書こう。
(例)「英単語を」

勉強する日付を書こう。

の日勉強した時間分のマス目をぬろう。1マス10分。

→ 点線にそって切り取りましょう。

- [ ]
- [ ]
- [ ]
- [ ]
- [ ]

🕐 Time Record
0分 10　20　30　40　50　60分
- 1時間
- 2時間
- 3時間
- 4時間
- 5時間
- 6時間

- [ ]
- [ ]
- [ ]
- [ ]
- [ ]

🕐 Time Record
0分 10　20　30　40　50　60分
- 1時間
- 2時間
- 3時間
- 4時間
- 5時間
- 6時間

- [ ]
- [ ]
- [ ]
- [ ]
- [ ]

🕐 Time Record
0分 10　20　30　40　50　60分
- 1時間
- 2時間
- 3時間
- 4時間
- 5時間
- 6時間

- [ ]
- [ ]
- [ ]
- [ ]
- [ ]

🕐 Time Record
0分 10　20　30　40　50　60分
- 1時間
- 2時間
- 3時間
- 4時間
- 5時間
- 6時間

- [ ]
- [ ]
- [ ]
- [ ]
- [ ]

🕐 Time Record
0分 10　20　30　40　50　60分
- 1時間
- 2時間
- 3時間
- 4時間
- 5時間
- 6時間

🕐 Time Record
0分 10　20　30　40　50　60分
- 1時間
- 2時間
- 3時間
- 4時間
- 5時間
- 6時間

WEEKLY STUDY P

Name of the Test

Date　To-do List

- [ ]
- [ ]
- [ ]
- [ ]
- [ ]

- [ ]
- [ ]
- [ ]
- [ ]
- [ ]

- [ ]
- [ ]
- [ ]
- [ ]
- [ ]

- [ ]
- [ ]
- [ ]
- [ ]
- [ ]

- [ ]
- [ ]
- [ ]
- [ ]
- [ ]

- [ ]
- [ ]
- [ ]
- [ ]

WEEKLY STUDY PLAN

Test Period

[/] ~ [/]

Name of the Test

Date	To-do List
/ ( )	☐ ☐ ☐ ☐ ☐
/ ( )	☐ ☐ ☐ ☐ ☐
/ ( )	☐ ☐ ☐ ☐ ☐
/ ( )	☐ ☐ ☐ ☐ ☐
/ ( )	☐ ☐ ☐ ☐ ☐
/ ( )	☐ ☐ ☐ ☐ ☐
/ ( )	☐ ☐ ☐ ☐ ☐

Test Period

[/] ~ [/]

Time Record

0分 10 20 30 40 50 60分
1時間
2時間
3時間
4時間
5時間
6時間

(The Time Record chart with the time scale 0分 10 20 30 40 50 60分 and rows 1時間 2時間 3時間 4時間 5時間 6時間 repeats for each day block on both left and right columns.)

【 学研ニューコース 】

問題集

中3数学

Gakken

学研ニューコース

Gakken New Course for Junior High School Students   Contents

もくじ

中3数学
問題集

「解答と解説」は別冊になっています。
本冊と軽くのりづけされていますので，
はずしてお使いください。

本書の特長と使い方

特長

ステップ式の構成で無理なく実力アップ	充実の問題量＋定期テスト予想問題つき	スタディプランシートでスケジューリングもサポート

1項目4ページ構成

【1見開き目】

テストに出る！　重要ポイント

各項目のはじめには，その項目の重要語句や要点，公式・法則などが整理されています。まずはここに目を通して，テストによく出るポイントをおさえましょう。

Step 1　基礎力チェック問題

基本的な問題を解きながら，各項目の基礎が身についているかどうかを確認できます。
わからない問題や苦手な問題があるときは，「得点アップアドバイス」を見てみましょう。

 確認　おさえておくべきポイントや公式・法則。　　 復習　小学校や前の学年までの学習内容の復習。　　テストで注意　テストでまちがえやすい内容の解説。

【2見開き目】

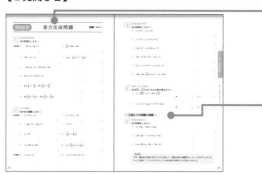

Step 2　実力完成問題

標準レベルの問題から，やや難しい問題を解いて，実戦力をつけましょう。まちがえた問題は解き直しをして，解ける問題を少しずつ増やしていくとよいでしょう。

入試レベル問題に挑戦

各項目の，高校入試で出題されるレベルの問題に取り組むことができます。どのような問題が出題されるのか，雰囲気をつかんでおきましょう。

√よくでる　定期テストでよく問われる問題。　　ミス注意　まちがえやすい問題。　　 思考　思考力を問う問題。

章末

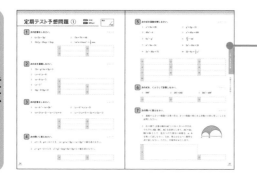

定期テスト予想問題

学校の定期テストでよく出題される問題を集めたテストで，力試しができます。制限時間内でどれくらい得点が取れるのか，テスト本番に備えて取り組んでみましょう。
巻末には，高校入試対策テストもあります。

スタディプランシート【巻頭】

勉強の計画を立てたり，勉強時間を記録したりするためのシートです。計画的に勉強するために，ぜひ活用してください。

1 数と式／方程式

ひとこと
アドバイス

文字を使った計算は，3年の多項式の計算や2次方程式のほかにも，多くの単元の基礎となります。ここでつまずかないように，しっかりと復習しましょう。

正負の数の加減

(1) **同符号の2数の和**…絶対値の和に**共通の符号**をつける。

例
$$(-6)+(-2)=-(6 ① \quad 2)= ②$$

共通の符号
絶対値の和

3つ以上の数の和

正の数の和，負の数の和を求めてから計算する。
例 $(+2)+(-3)+(+4)+(-1)$
$=(+2)+(+4)+(-3)+(-1)$
$=(+6)+(-4)$
$=2$

(2) **異符号の2数の和**…絶対値の差に**絶対値の大きいほうの符号**をつける。

例
$$(+4)+(-7)=-(7 ③ \quad 4)= ④$$

絶対値の大きいほうの符号
絶対値の差

テストで
注意 **減法の符号の変え忘れに注意！**

● ひく数の符号を変えずに加法に直すミス。
$(-9)-(-5)=(-9)+(-5)$
● ひく数の符号を変えて，加法に直すのを忘れるミス。
$(-9)-(-5)=(-9)-(+5)$

(3) **2数の差**…ひく数の符号を変えて，加える。

例
$$(-9)-(-5)=(-9)+(⑤ \quad 5)=-(9-5)= ⑥$$

加法に直す
符号を変える
異符号の2数の和

正負の数の乗除

(1) **同符号の2数の積，商**…絶対値の積，商に**正の符号**をつける。

例
$$(-3)\times(-5)=+(3\times5)= ⑦$$

同符号→正
絶対値の積

確認 **素因数分解**

素因数分解することで，自然数を素数の積で表すことができる。
例 $60=2^2\times3\times5$

(2) **異符号の2数の積，商**…絶対値の積，商に**負の符号**をつける。

例
$$(+12)\div(-6)=-(12\div6)= ⑧$$

異符号→負
絶対値の商

積の符号

負の数が，
偶数個…＋，奇数個…－

(3) **四則の混じった計算の順序**…累乗・かっこの中①→乗除②→加減③

例
$$3\times(-2)^2-(-2+10)\div4=3\times ⑨ \quad - ⑩ \quad \div4$$
$$=12-2$$
$$=10$$

確認 **累乗の計算**

指数から，何を何個かけ合わせるかを考える。
例 $(-4)^3 \to (-4)$ を3個
$=(-4)\times(-4)\times(-4)$

4

多項式と単項式の計算

(1) **多項式の加法・減法**…かっこをはずし，**同類項**をまとめる。

例　$(x+5y)-(3x-4y)=x+5y$ ⑪ ___ $3x$ ⑫ ___ $4y=-2x+9y$

└─ ひく式の各項の符号を変える ─┘

(2) **単項式の乗法**…係数の積に文字の積をかける。

　　　　　　　　　　　文字の積

例　$3x\times6y=3\times6\times x\times y=$ ⑬

　　　　　　係数の積

(3) **単項式の除法**…分数の形にして約分する。

例　$\underset{\text{分子}}{12ab}\div\underset{\text{分母}}{4a}=\dfrac{12ab}{4a}=$ ⑭ ___

　　　　　　　　　　　　約分する

1次方程式の解き方

❶ 文字の項を左辺に，数の項を右辺に**移項**する。

❷ $ax=b$ の形にする。

❸ 両辺を x の係数 a でわる。

例
$$5x-4=3x+6$$
$$5x\ ⑮\ ___\ 3x=6\ ⑯\ ___\ 4$$
$$2x=10$$
$$x=5$$

連立方程式の解き方

(1) **加減法**…文字の係数をそろえて2式の両辺をたしたりひいたりして，一方の文字を消去する。

例
$$\begin{cases} -x+2y=-1 & \cdots(\text{i}) \\ 4x-2y=10 & \cdots(\text{ii}) \end{cases}$$

(i)+(ii)で
y を消去

$$\begin{array}{r} -x+2y=-1 \\ +)\ 4x-2y=10 \\ \hline 3x=9 \\ x=3 \end{array}$$

$x=3$ を(i)に代入して，⑰ ___ $+2y=-1$，$2y=2$，$y=1$

(2) **代入法**…一方の式を他方の式に代入して文字を消去する。

例
$$\begin{cases} y=2x-1 & \cdots(\text{i}) \\ 5x-2y=6 & \cdots(\text{ii}) \end{cases}$$

(i)を(ii)に代入して，$5x-2(2x-1)=6$，$5x-4x+2=6$，

$x+2=6$，$x=$ ⑱ ___

$x=$ ⑲ ___ を(i)に代入して，$y=2\times$ ⑳ ___ $-1=$ ㉑ ___

テストで注意　**符号の変え忘れに注意！**

多項式の減法で，$-(\ )$ のかっこをはずすとき，符号の変え忘れに注意する。

(1)　$(x+5y)-(3x-4y)$
　　$=x+5y-3x\rightarrow4y$

確認　**わる式の逆数をかける計算**

(3)は下のように解くこともできる。

$12ab\div4a$

$=12ab\times\dfrac{1}{4a}=3b$

くわしく　**いろいろな方程式の解き方**

● **かっこがある方程式**
➡ 分配法則で，かっこをはずしてから解く。

● **係数に小数がある方程式**
➡ 両辺に10，100などをかけて，係数を整数にしてから解く。

● **係数に分数がある方程式**
➡ 両辺に分母の最小公倍数をかけて，分母をはらってから解く。

テストで注意　**代入するときはかっこをつける**

式を代入するときは，かっこをつけて代入する。かけ忘れや符号のミスに注意する。

5

ひとこと
アドバイス

比例・反比例・1次関数のそれぞれの特徴を確認しましょう。また、それぞれの式やグラフについても、ちがいを復習しましょう。

比例と反比例

(1) y が x の関数で、$y=ax$ の式で表されるとき、**y は x に比例する**という。
　　　　　　　　　a は比例定数 $(a\neq0)$

　　例　y は x に比例し、比例定数が 4 のとき、y を x の式で表すと、

　　　　$y=$ ①＿＿＿＿＿＿

(2) y が x の関数で、$y=\dfrac{a}{x}$ の式で表されるとき、**y は x に反比例**するという。
　　　　　　　　　a は比例定数 $(a\neq0)$

　　例　y は x に反比例し、比例定数が 3 のとき、y を x の式で表すと、

　　　　$y=$ ②＿＿＿＿＿＿

テストで
注意　**反比例定数とは
いわない**

　反比例の場合でも、$y=\dfrac{a}{x}$ の a は **比例定数** という。

比例・反比例のグラフと式

(1) **比例 $y=ax$ のグラフ** ← a はグラフの傾き
　　…③＿＿＿＿＿（点O）を通る直線。

(2) **比例のグラフの式の求め方**
　　…$y=ax$ にグラフが通る点の座標の値を代入し、a の値を求める。

　　例　比例 $y=ax$ のグラフが点 $(3,\ 9)$ を通るとき、a の値を求める。
　　　　$y=ax$ に $x=3$、$y=9$ を代入して、$9=3a$、$a=$ ④＿＿＿＿＿

くわしく　**変域**

　変数のとる値の範囲で、不等号を使って表す。
例　x が 0 以上 7 未満
→ $0\leqq x<7$

テストで
注意　**変域のあるグラフ
をかく**
例　$y=x\,(-2\leqq x\leqq1)$ の
グラフ
→変域外は何もかかないか、下のように点線（破線）でかく。

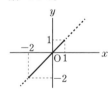

(3) **反比例 $y=\dfrac{a}{x}$ のグラフ**
　　…⑤＿＿＿＿＿＿（2つのなめらかな曲線）

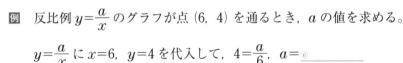

(4) **反比例のグラフの式の求め方**
　　…$y=\dfrac{a}{x}$ にグラフが通る点の座標の値を代入し、a の値を求める。

　　例　反比例 $y=\dfrac{a}{x}$ のグラフが点 $(6,\ 4)$ を通るとき、a の値を求める。

　　　　$y=\dfrac{a}{x}$ に $x=6$、$y=4$ を代入して、$4=\dfrac{a}{6}$、$a=$ ⑥＿＿＿＿＿

反比例のグラフはなめらかな曲線で結ぼう！

1 次関数

(1) **1 次関数の式**…$y=ax+b$ （a, b は定数, $a \neq 0$）
└→ 比例 $y=ax$ は, $b=0$ の特別な場合である。

(2) **変化の割合** $= \dfrac{y \text{ の増加量}}{x \text{ の増加量}} = a$ ←変化の割合は一定

例　1 次関数 $y=2x+3$ で, x が 2 から 4 まで増加するとき,

変化の割合は, $\dfrac{\boxed{⑦} - \boxed{⑧}}{4-2} = \boxed{⑨}$
　　　　　　　　　　　　　└ a に等しい

(3) **1 次関数 $y=ax+b$ のグラフ**
…**傾きが a, 切片が b の直線**

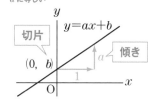

(4) グラフから, 直線の式を求める。
例　傾きが 3 で, 点 $(2, 1)$ を通る直線の式は, $y=3x+b$ とおき,
$x=2$, $y=1$ を代入して, $1=3 \times 2+b$, $b=\boxed{⑩}$
よって, $y=\boxed{⑪}$

2 元 1 次方程式のグラフ

(1) **2 元 1 次方程式 $ax+by=c$ のグラフは直線になる。**

(2) **$y=k$ のグラフは点 $(0, k)$ を通り,**
x 軸に平行な直線。
$x=h$ のグラフは点 $(h, 0)$ を通り,
y 軸に平行な直線。

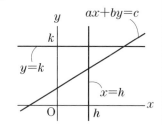

例　$4x=8$ のグラフは, $x=2$ より,
点 $(\boxed{⑫}, 0)$ を通り, $\boxed{⑬}$ 軸に平行な直線になる。

連立方程式の解とグラフ

(1) **2 つの直線の交点の座標**
…**2 つの直線の式を連立方程式として解い**
た解は, 2 直線の交点の座標と一致する。

例　$\begin{cases} y=-x+5 \\ y=\dfrac{1}{2}x+2 \end{cases}$ を解くと, $x=2$, $y=3$

より, 交点の座標は
$(\boxed{⑭}, \boxed{⑮})$

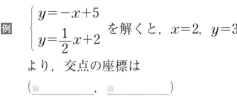

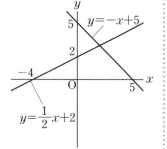

$y=ax+b$ の
グラフのかき方
● 切片 b で y 軸との交点を決め, その点を通る傾き a の直線をひく。
● x 座標, y 座標がともに整数となるような 2 点を選び, その 2 点を通る直線をひく。

2 点を通る
直線の式の求め方
通る 2 点の座標の値をそれぞれ $y=ax+b$ に代入し, a, b についての連立方程式をつくって解く。

$ax+by=c$ の
グラフ
$ax+by=c$ より,
$y=-\dfrac{a}{b}x+\dfrac{c}{b}$ となり,
傾き $-\dfrac{a}{b}$, 切片 $\dfrac{c}{b}$ の直線となる。

方程式 $y=-3$,
$x=4$ の意味
● **方程式 $y=-3$**
x の値がどんな値でも, y の値はいつも -3
● **方程式 $x=4$**
y の値がどんな値でも, x の値はいつも 4

連立方程式の
解き方
$y=-x+5 \cdots$(i)
$y=\dfrac{1}{2}x+2 \cdots$(ii)
とする。
(ii)×2+(i)より,
$3y=9$, $y=3$
$y=3$ を(i)に代入して,
$3=-x+5$,
$x=5-3=2$

3 平面図形

ひとこと
アドバイス

基本の図形の性質は，いろいろな場面で使われるので，確実に理解しましょう。作図や合同は，入試にもよく出題されているので，しっかり復習しましょう。

図形の移動

(1) ①＿＿＿＿移動

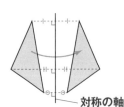

(2) ②＿＿＿＿移動

対称の軸

(3) ③＿＿＿＿移動

回転の中心

 図形の移動

(1) **平行移動**…図形を一定の方向に，一定の距離だけずらす。

(2) **対称移動**…図形を1つの直線を折り目として折り返す。

(3) **回転移動**…1つの点を中心として，図形を一定の角度だけ回転させる。
180°の回転移動を**点対称移動**という。

作図

(1) ④＿＿＿＿＿＿の作図

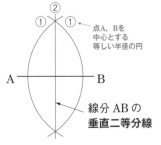

点A，Bを中心とする等しい半径の円

線分 AB の**垂直二等分線**

(2) 角の⑤＿＿＿＿＿の作図

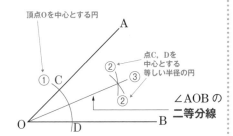

頂点Oを中心とする円

点C，Dを中心とする等しい半径の円

∠AOB の**二等分線**

(3) ⑥＿＿＿＿＿の作図

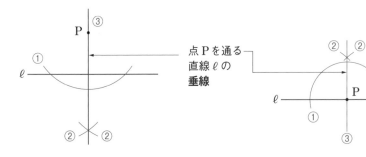

点 P を通る直線 ℓ の**垂線**

垂線の作図の手順

①点 P を中心とする円をかく。

②①と直線 ℓ との2交点を中心として等しい半径の円をかく。

③②の交点と点 P を結ぶ。

おうぎ形

(1) おうぎ形の弧の長さ ℓ…$\ell = 2\pi r \times$⑦＿＿＿＿

(2) おうぎ形の面積 S…$S = $⑧＿＿＿＿$\times \dfrac{a}{360}$

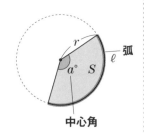

中心角

 おうぎ形の面積

半径が r，弧の長さが ℓ のおうぎ形の面積 S は，

$$S = \frac{1}{2}\ell r$$

としても求められる。

角の基本性質

(1) **対頂角**(たいちょうかく)は等しい。

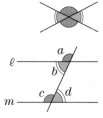

(2) 平行線の**同位角**(どういかく)，**錯角**(さっかく)は等しい。

　例　右の図で，$\ell /\!/ m$ ならば，

　　　∠a＝⑨＿＿＿＿＿（同位角）

　　　∠b＝⑩＿＿＿＿＿（錯角）

(3) **三角形の内角と外角**…**内角**の和は⑪＿＿＿＿°。

　外角は，それととなり合わない2つの内角の和に

　等しい。

　例　∠ACD＝∠A＋∠B

(4) n 角形の内角の和は，$180° \times (\boldsymbol{n} -$⑫＿＿＿＿$)$，外角の和は⑬＿＿＿＿

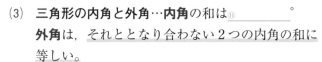

合同な図形

(1) 三角形の合同条件

　●⑭＿＿＿＿＿**組の辺**がそれぞれ等しい。

　●2**組の辺**とその⑮＿＿＿＿＿が
　　それぞれ等しい。

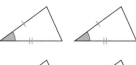

　●⑯＿＿＿＿＿**組の辺**とその**両端**(りょうたん)**の角**が
　　それぞれ等しい。

三角形と四角形

(1) **二等辺三角形の定義**…2辺が等しい三角形。

(2) **二等辺三角形の性質**

　●底角は等しい。

　●頂角の二等分線は，底辺を垂直に2等分する。

(3) **二等辺三角形になるための条件**

　…三角形の2つの角が等しければ，等しい2つの角を**底角**とする
　　二等辺三角形である。

(4) **平行四辺形になるための条件**

　●2組の**対辺**がそれぞれ⑰＿＿＿＿＿である。（定義）

　●2組の⑱＿＿＿＿＿がそれぞれ等しい。

　●⑲＿＿＿＿＿組の**対角**がそれぞれ等しい。

　●**対角線**がそれぞれの⑳＿＿＿＿＿で交わる。

　●㉑＿＿＿＿＿組の**対辺**が平行でその長さが等しい。

補助線をひいて求める

　下の図のように，$\ell /\!/ m$ のとき，∠x の頂点を通り，ℓ，m に平行な補助線をひく。

$\ell /\!/ m$ より，平行線の錯角は等しいから，

∠x＝∠a＋∠b

直角三角形の合同条件

●斜辺と1つの鋭角がそれぞれ等しい。

●斜辺と他の1辺がそれぞれ等しい。

合同な図形は，対応する頂点の順に書く。

△ABC≡△DFE

正三角形

定義…3辺が等しい三角形
性質…3つの内角は等しい
正三角形になるための条件
…3つの角が等しい三角形は，正三角形である。

平行線と面積

底辺が共通で高さが等しい三角形の面積は等しい。

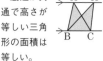

△ABC＝△A′BC

4 空間図形／データの活用

> **ひとこと アドバイス**
> 空間図形では，立体の形と名前を確認しましょう。データの活用では，図や表，用語を確認し，確率では，問題による求め方のちがいに注意しましょう。

直線や平面の位置関係

(1) **2直線の位置関係**

例 右の図で，辺 BC に

垂直な辺は，辺 BA，①_____，CD，CG

平行な辺は，辺 AD，②_____，FG

辺 BC と**ねじれの位置**にある辺は，

└─平行でなく交わらない

辺 AE，③_____，EF，HG

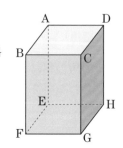

(2) **直線と平面の位置関係**

例 右上の図で，辺 BC に

垂直な面は，面 ABFE，④_____

平行な面は，面 AEHD，⑤_____

(3) **2平面の位置関係**

例 右上の図で，面 ABCD に

垂直な面は，面 ABFE，⑥_____，CGHD，AEHD

平行な面は，面⑦_____

立体の表面積・体積

(1) **角柱や円柱の表面積・体積**

表面積＝側面積＋底面積×2

角柱の底面積を S，円柱の底面の半径を r，高さを h とすると，

角柱の体積 $V=$ ⑧_____，**円柱の体積 $V=$** ⑨_____ h

(2) **角錐や円錐の表面積・体積**
（かくすい）

表面積＝側面積＋底面積

角錐の底面積を S，円錐の底面の半径を r，高さを h とすると，

角錐の体積 $V=$ ⑩_____ Sh，**円錐の体積 $V=$** ⑪_____ h

(3) **球の表面積・体積**

半径を r とすると，

球の表面積 $S=$ ⑫_____ πr^2，**球の体積 $V=$** ⑬_____ πr^3

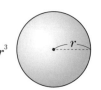

確認 点と平面との距離

下の図のように，点 A から平面 P にひいた垂線 AH の長さが点 A と平面 P との距離である。

くわしく 正多面体

平面だけで囲まれた立体を**多面体**という。多面体のうち，すべての面が合同な正多角形で，どの頂点にも面が同じ数だけ集まり，へこみのないものを**正多面体**という。

➡ 正多面体は次の5種類
正四面体，正六面体，正八面体，正十二面体，正二十面体

くわしく 円柱，円錐の展開図

円柱

長さが等しい

円錐

長さが等しい

テストで注意 回転体

平面図形を1つの直線を軸として1回転させたもの。

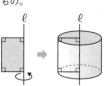

データのちらばりと代表値

(1) **度数分布表**…データをいくつかの**階級**に分け，階級に応じて**度数**を整理した表。

例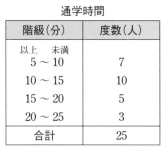

通学時間

階級(分)	度数(人)
以上　　未満	
5 ～ 10	7
10 ～ 15	10
15 ～ 20	5
20 ～ 25	3
合計	25

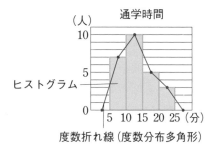

(人) 通学時間

ヒストグラム

度数折れ線(度数分布多角形)

(2) 相対度数＝$\dfrac{\text{各階級の度数}}{\text{度数の合計}}$　　(3) 平均値＝$\dfrac{(\text{階級値×度数})\text{の合計}}{\text{度数の合計}}$

例 上の通学時間で，10分以上15分未満の階級の相対度数は，

⑭ ＿＿＿＿＿＿＝0.4

 階級，度数，階級値

階級…データを整理するための区間。
度数…階級に入るデータの個数。
階級値…各階級のまん中の値。

 累積度数，累積相対度数

累積度数…最初の階級からある階級までの度数を合計したもの。
累積相対度数…最初の階級からある階級までの相対度数を合計したもの。

データの比較

(1) **四分位数**…データを小さいほうから順に並べて，中央値で前半部分と後半部分に分けたとき，前半部分の中央値を**第1四分位数**，データ全体の中央値を**第2四分位数**，後半部分の中央値を**第3四分位数**という。これらをあわせて，**四分位数**という。

(2) **箱ひげ図**…最小値，最大値，四分位数を1つの図にまとめたもの。

範囲

四分位範囲

最小値　　第2四分位数(中央値)　　最大値

⑮＿＿＿＿　　　　⑯＿＿＿＿

(3) （四分位範囲）＝(⑰＿＿＿＿＿＿＿＿)－(⑱＿＿＿＿＿＿＿＿)

 範囲(レンジ)

(範囲)＝(最大値)－(最小値)

確率

(1) **確率の求め方**…起こる場合が全部でn通りあり，ことがらAの起こる場合がa通りあるとき，Aの起こる確率pは，$p=\dfrac{a}{n}$

例 大小2つのさいころを同時に投げるとき，出る目の数の和が5になる確率➡目の出方は全部で36通りあり，そのうち，目の数の和が5になるのは⑲＿＿＿＿通りあるから，⑳＿＿＿＿＝㉑

(2) **Aの起こらない確率 ＝1－p** ←Aの起こる確率

 同様に確からしい

起こる場合の1つ1つについて，そのどれが起こることも同じ程度に期待できるとき，どの結果が起こることも同様に確からしいという。

1 多項式の乗除と乗法公式

リンク
ニューコース参考書
中3数学
p.42～60

攻略のコツ 分配法則を使ってかっこをはずすときは，後ろの項へのかけ忘れに注意。

テストに出る！ **重要ポイント**

● **単項式と多項式 の乗除**
- ❶ 乗法➡分配法則を使って，かっこ をはずす。　$a(b+c)=ab+ac$
- ❷ 除法➡わる式の逆数をかける形 になおして計算する。　$(a+b)\div c=(a+b)\times\dfrac{1}{c}$

● **多項式と多項式 の乗法**
展開➡単項式や多項式の積の形の式を，単項式の和の形に表す。
$$(a+b)(c+d)=ac+ad+bc+bd$$

● **乗法公式**
- ❶ $x+a$ と $x+b$ の積　$(x+a)(x+b)=x^2+(a+b)x+ab$
- ❷ 和の平方　$(x+a)^2=x^2+2ax+a^2$
- ❸ 差の平方　$(x-a)^2=x^2-2ax+a^2$
- ❹ 和と差の積　$(x+a)(x-a)=x^2-a^2$

Step 1 　基礎力チェック問題

解答 別冊 p.3

1 【多項式と単項式の乗法】
次の計算をしなさい。

☑ (1)　$(x-2y)\times 3x$
〔　　　　　〕

☑ (2)　$2a(3b+c)$
〔　　　　　〕

☑ (3)　$(8a^2-5b)\times(-2b)$
〔　　　　　〕

☑ (4)　$-4x(2x^2-y)$
〔　　　　　〕

☑ (5)　$a(4a-b+5)$
〔　　　　　〕

☑ (6)　$-5x(4x+y-2)$
〔　　　　　〕

2 【多項式と単項式の除法】
次の計算をしなさい。

☑ (1)　$(15a^2-6a)\div 3a$
〔　　　　　〕

☑ (2)　$(7x^3+5x^2)\div x$
〔　　　　　〕

☑ (3)　$(6x^2y+4xy^2)\div\dfrac{2}{3}xy$
〔　　　　　〕

☑ (4)　$(12m^2n-3mn)\div(-3mn)$
〔　　　　　〕

☑ (5)　$(4a^2b-5ab)\div\dfrac{ab}{2}$
〔　　　　　〕

☑ (6)　$(3x^3-7xy)\div\left(-\dfrac{3}{4}x\right)$
〔　　　　　〕

得点アップアドバイス

1
確認 **分配法則**
$a(b+c)=ab+ac$
(5)(6)　多項式の項が3つ以上でも**分配法則**を使って，単項式を多項式のすべての項にかける。

2
確認 **単項式でわる方法**
例 $(4x^2+2x)\div x$
$=\dfrac{4x^2}{x}+\dfrac{2x}{x}=4x+2$

テストで注意 **逆数のつくり方**
(3)　$\dfrac{2}{3}xy$ の逆数は $\dfrac{3}{2xy}$

3 【多項式と多項式の乗法】

次の式を展開します。□にあてはまる式を書きなさい。

☑ (1) $(a+b)(x+y)=ax+\boxed{}+bx+by$ 〔　　　　　〕

☑ (2) $(2x-y)(z+2)=2xz+\boxed{}-yz-2y$ 〔　　　　　〕

4 【乗法公式】

次の式を展開します。□にあてはまる数や式を書きなさい。

☑ (1) $(x+3)(x+4)=x^2+(3+\boxed{ア})x+3\times4$

$=x^2+\boxed{イ}x+12$ 　　ア〔　　　　〕

イ〔　　　　〕

☑ (2) $(x+5)^2=x^2+2\times\boxed{ア}\times x+5^2$

$=x^2+\boxed{イ}x+25$ 　　ア〔　　　　〕

イ〔　　　　〕

☑ (3) $\left(9x-\dfrac{1}{3}y\right)^2=(X-Y)^2=X^2-2YX+Y^2$

$=(9x)^2-2\times\dfrac{1}{3}y\times9x+\left(\dfrac{1}{3}y\right)^2$

$=\boxed{ア}-6xy+\boxed{イ}$ 　　ア〔　　　　〕

イ〔　　　　〕

☑ (4) $(x+11)(x-11)=x^2-\boxed{}^2$

$=x^2-121$

〔　　　　　〕

☑ (5) $\left(\dfrac{2}{3}x+5\right)\left(\dfrac{2}{3}x-5\right)=(X+5)(X-5)=X^2-5^2$

$=\left(\dfrac{2}{3}x\right)^2-5^2=\boxed{}-25$

〔　　　　　〕

5 【乗法公式】

次の式を展開しなさい。

☑ (1) $(x-2)(x-4)$ 　　　　　☑ (2) $(2x+3)^2$

〔　　　　〕　　　　　　　　〔　　　　〕

☑ (3) $(a-3b)^2$ 　　　　　☑ (4) $(7-a)(a+7)$

〔　　　　〕　　　　　　　　〔　　　　〕

得点アップアドバイス

3 ……………

実際の計算では、かけ忘れがないように気をつける。

4 ……………

(3) $9x$ を X、$\dfrac{1}{3}y$ を Y とおく。

1つの文字と考えている単項式を2乗するときは、かっこをつけると計算ミスを防げる。

(5) $\dfrac{2}{3}x$ を X とおく。

乗法公式は、しっかり覚えておこう！

5 ……………

くわしく **公式が使える ように変形する**

公式を利用できる形に変形すれば、$(x+a)(x-a)$ の公式が利用できる。

(4) $(7-a)(a+7)$

$(7-a)(7+a)$

1章／多項式の計算

1 多項式の乗除と乗法公式

実力完成問題 解答 別冊 p.3

1 【多項式の乗除】
次の計算をしなさい。

✓よくでる (1) $-3x(x-4y+7)$

(2) $\dfrac{3}{4}a(16a-4b)$

[   ]   [   ]

(3) $(6x^3-x^2)\div x$

(4) $\left(xy^2-\dfrac{1}{4}y\right)\div\left(-\dfrac{1}{2}y\right)$

[   ]   [   ]

(5) $-4m(m-n)+3n(5m-3n)$

[   ]

(6) $2a(a+4)-5a(3-a)$

[   ]

(7) $9x\left(\dfrac{1}{9}x-\dfrac{1}{3}\right)-8x\left(\dfrac{1}{2}x+\dfrac{3}{4}\right)$

[   ]

(8) $6a\left(\dfrac{2}{3}a-\dfrac{1}{4}b\right)-10a\left(\dfrac{3}{5}a-\dfrac{3}{4}b\right)$

[   ]

2 【式の展開】
次の式を展開しなさい。

✓よくでる (1) $(x+5)(x-9)$

(2) $(x-6)(x-10)$

[   ]   [   ]

(3) $(-pq+1)(-pq-2)$

(4) $(a+4)^2$

[   ]   [   ]

(5) $(x-9)^2$

(6) $\left(\dfrac{1}{2}x-\dfrac{1}{3}y\right)^2$

[   ]   [   ]

(7) $(a+2b)(a+5b)$

(8) $\left(x+\dfrac{3}{2}y\right)\left(x-\dfrac{1}{2}y\right)$

[   ]   [   ]

ミス注意 (9) $(x+y-z)^2$

(10) $(a-b-2)(a+b-2)$

[   ]   [   ]

$\boxed{3}$ 【四則混合計算】

次の計算をしなさい。

(1)　$(x+3)^2-x(x+2)$

〔　　　　　　　〕

(2)　$(x-3)^2-(x+5)(x+2)$

〔　　　　　　　〕

(3)　$2(a+4)^2-(a+3)(a-2)$

〔　　　　　　　〕

(4)　$(3x-2)(3x+2)-(2x-1)^2$

〔　　　　　　　〕

(5)　$2(x-1)(x+6)-(x+4)(x-4)$

〔　　　　　　　〕

(6)　$(2m-6n)\left(\dfrac{3}{2}m+n\right)-(n-2m)^2$

〔　　　　　　　〕

$\boxed{4}$ 【乗法公式と展開】

次の $\boxed{ア}$，$\boxed{イ}$ にあてはまる数を書きなさい。

(1)　$(x-\boxed{ア})^2=x^2-18x+\boxed{イ}$

ア〔　　　　　〕　イ〔　　　　　〕

(2)　$(x+6)(x-\boxed{ア})=x^2+x-\boxed{イ}$

ア〔　　　　　〕　イ〔　　　　　〕

入試レベル問題に挑戦

$\boxed{5}$ 【四則混合計算】

次の計算をしなさい。

(1)　$(x+4y)^2-8y(x+2y)$

〔　　　　　　　〕

(2)　$(3a+2b)^2-(a-b)(a-4b)$

〔　　　　　　　〕

(3)　$4(a+2b)(a-3b)-(2a-b)^2$

〔　　　　　　　〕

💡 ヒント

まず，乗法公式が使えるかどうかに注目して，乗法の部分を展開する。かっこをはずすときには，かっこの前が －（マイナス）になっている式は特に符号のミスに気をつけること。

2 因数分解

リンク
ニューコース参考書
中3数学
p.61 ～ 68

攻略のコツ 因数分解は，展開の逆の操作。

テストに出る！ 重要ポイント

● 因数分解

❶ **因数分解**…多項式をいくつかの因数の積の形で表すこと。

例 $x^2-9 \xrightarrow[\text{展開}]{\text{因数分解}} (x+3)(x-3)$

❷ 共通因数をくくり出す。

$\underbrace{ax+ay}_{} = a(x+y)$

共通因数 a

● 因数分解の公式

❶ $x^2+(a+b)x+ab$
$= (x+a)(x+b)$ ← $x+a$ と $x+b$ の積

❷ $x^2+2ax+a^2=(x+a)^2$ ←和の平方

❸ $x^2-2ax+a^2=(x-a)^2$ ←差の平方

❹ $x^2-a^2=(x+a)(x-a)$ ←和と差の積

Step 1 基礎力チェック問題

解答 別冊 p.4

1 【共通因数をくくり出す】
次の式を因数分解します。□にあてはまる数や文字, 式を書きなさい。

☑ (1) $x^2+8x=\boxed{ア}\times x+\boxed{イ}\times 8$
$=\boxed{ウ}(x+8)$

ア〔　　　　〕
イ〔　　　　〕
ウ〔　　　　〕

☑ (2) $2ax-4bx=\boxed{}(a-2b)$

〔　　　　〕

☑ (3) $3ax+9ay-6a=\boxed{ア}(x+\boxed{イ}-\boxed{ウ})$

ア〔　　　　〕
イ〔　　　　〕
ウ〔　　　　〕

☑ (4) $12xy^2+18xy=\boxed{ア}\times 2y+\boxed{イ}\times 3$
$=\boxed{ウ}(2y+3)$

ア〔　　　　〕
イ〔　　　　〕
ウ〔　　　　〕

得点アップアドバイス

1

確認 **共通因数をくくる**

(2) 共通因数はすべてくくり出すこと。

では不十分。x も共通因数だから, $2x$ をくくり出す。

2 【因数分解の公式】

次の式を，公式を使って因数分解します。□にあてはまる数や文字を書きなさい。

☑(1) x^2+3x+2 の因数分解では，

$x^2+(a+b)x+ab=(x+a)(x+b)$ を使う。

和が ア，積が イ となる2数を求めると，1と2だから，

$x^2+3x+2=($ ウ $+1)(x+$ エ $)$

ア〔　　　〕　イ〔　　　〕　ウ〔　　　〕　エ〔　　　〕

☑(2) $y^2+8y+16$ の因数分解では，$x^2+2ax+a^2=(x+a)^2$ を使う。

$16=$ ア^2，$8=2×$ イ だから，$y^2+8y+16=(y+$ ウ $)^2$

ア〔　　　〕　イ〔　　　〕　ウ〔　　　〕

☑(3) $a^2-12a+36$ の因数分解では，$x^2-2ax+a^2=(x-a)^2$ を使う。

$36=$ ア^2，$12=2×$ イ だから，$a^2-12a+36=(a-$ ウ $)^2$

ア〔　　　〕　イ〔　　　〕　ウ〔　　　〕

☑(4) x^2-16 の因数分解では，$x^2-a^2=(x+a)(x-a)$ を使う。

$16=$ ア^2 だから，$x^2-16=(x+$ イ $)(x-$ ウ $)$

ア〔　　　〕　イ〔　　　〕　ウ〔　　　〕

3 【因数分解】

次の式を因数分解しなさい。

☑(1) $x^2-4x-21$

〔　　　　　　〕

☑(2) $x^2+2x-15$

〔　　　　　　〕

☑(3) $-10-3a+a^2$

〔　　　　　　〕

☑(4) $x^2-16x+64$

〔　　　　　　〕

☑(5) $4x^2+4x+1$

〔　　　　　　〕

☑(6) $25x^2-10x+1$

〔　　　　　　〕

☑(7) x^2-49

〔　　　　　　〕

☑(8) $25-4a^2$

〔　　　　　　〕

☑(9) $ax^2-9ax+14a$

〔　　　　　　〕

☑(10) $6x^2-12x+6$

〔　　　　　　〕

☑(11) $5ax^2-25ax-30a$

〔　　　　　　〕

☑(12) ax^2-36a

〔　　　　　　〕

2

(1) 公式にあてはまるように，$a+b=3$, $ab=2$ となる a, b を見つける。

因数分解の公式も
しっかり覚えよう！

3

(3) 項を入れかえてから因数分解の公式を使う。

(5) x^2 の係数が，ある数の2乗になっていれば，公式が使えないかと考える。$4x^2$ は $(2x)^2$ とする。

(9)～(12) 共通因数をくくり出してから因数分解の公式を使う。

1 【因数分解】
次の式を因数分解しなさい。

✓よくでる (1) $x^2+3x-28$

(2) a^2-a-42

(3) $x^2+6x-27$

(4) $a^2-2a-63$

(5) $x^2-xy-2y^2$

(6) $a^2+9ab+20b^2$

(7) $a^2+22a+121$

(8) $x^2-x+\dfrac{1}{4}$

(9) $4x^2-4x+1$

(10) $25x^2+20xy+4y^2$

(11) x^2-16y^2

(12) $\dfrac{9}{25}p^2-4q^2$

2 【因数分解の公式と係数】
因数分解の公式を用いて，次の□にあてはまる数を書きなさい。

(1) $x^2+\boxed{ア}x+\boxed{イ}=(x+4)(x+9)$

ア 〔　　　〕
イ 〔　　　〕

(2) $x^2-\boxed{}=(x+6)(x-6)$

〔　　　〕

(3) $x^2+\boxed{ア}x+\boxed{イ}=(x+7)^2$

ア 〔　　　〕
イ 〔　　　〕

(4) $\boxed{ア}x^2+\boxed{イ}x+9=(2x+3)^2$

ア 〔　　　〕
イ 〔　　　〕

3 【複雑な形の因数分解】
次の式を因数分解しなさい。

(1) $2a^2 - 2a - 24$

(2) $5ax^2 - 40ax + 35a$

〔　　　　　　　〕　　　　　　　　〔　　　　　　　〕

(3) $m(x^2 - 6) + mx$

(4) $a^3b + 10a^2b + 21ab$

〔　　　　　　　〕　　　　　　　　〔　　　　　　　〕

ミス注意 (5) $(x+y)^2 + 8(x+y) + 16$

(6) $x^2 + 2x - y^2 - 2y$

〔　　　　　　　〕　　　　　　　　〔　　　　　　　〕

(7) $-4x + x^2 - y^2 - 4y$

(8) $(2x-1)(x-8) - x(x-11)$

〔　　　　　　　〕　　　　　　　　〔　　　　　　　〕

入試レベル問題に挑戦

4 【複雑な形の因数分解】
次の式を因数分解しなさい。

(1) $\dfrac{x^2}{6} - \dfrac{xy}{3} - \dfrac{y^2}{2}$

〈近畿大学附属高〉　〔　　　　　　　〕

(2) $x(x-9) + 2(x-4)$

〈駿台甲府高〉　〔　　　　　　　〕

(3) $4a^2 - 9b^2 + 6bc - c^2$

〈法政大学国際高〉　〔　　　　　　　〕

(4) $(x^2+3)^2 - 16x^2$

〈日本大学第二高〉　〔　　　　　　　〕

💡 ヒント

因数分解の基本は，共通因数をくくり出すこと。(2)は，まず展開して同類項をまとめる。

3 式の計算の利用

リンク
ニューコース参考書
中3数学
p.69〜75

攻略のコツ 証明はまず，どんな式を導けばよいかを考えること。

テストに出る！ **重要ポイント**

● **数の計算への利用**

❶ 数を分解して，**乗法公式**を使って展開すると，計算が簡単にできる場合がある。

例 $99^2 = (100-1)^2 = 100^2 - 2 \times 1 \times 100 + 1^2 = 9801$

❷ 因数分解の公式を使うと，計算が簡単にできる場合がある。

例 $27^2 - 23^2 = (27+23)(27-23) = 50 \times 4 = 200$

● **式の値**

式の値は，もとの式を簡単な形にしてから代入する。

例 $x=42$ のとき，$(x-4)^2 - (x-3)(x-6)$ の値

$(x-4)^2 - (x-3)(x-6) = x^2 - 8x + 16 - (x^2 - 9x + 18)$

$= x-2 \xrightarrow{\ x=42\ を代入する\ } 42-2 = 40$

● **証明問題への利用**

問題文中の数量を文字式で表して，式を条件にあう形に変形する。

$$\left[\begin{array}{c}問題文中の数量を\\文字式で表す\end{array}\right] \Rightarrow \left[\begin{array}{c}乗法公式\\因数分解\end{array}\right] \Rightarrow \left[結論を導く\right]$$

Step 1 基礎力チェック問題

解答 別冊 p.6

1 【数の計算への利用】

次の式を，くふうして計算します。□にあてはまる数を書きなさい。

☑ (1) $98^2 = (100 - \boxed{ア})^2$

$= 10000 - \boxed{イ} + 4 = 9604$

ア〔　　　　　〕

イ〔　　　　　〕

☑ (2) $102^2 = (\boxed{ア} + 2)^2$

$= \boxed{イ} + 400 + 4 = \boxed{ウ}$

ア〔　　　　　〕

イ〔　　　　　〕

ウ〔　　　　　〕

☑ (3) $89 \times 91 = (\boxed{ア} - 1)(\boxed{イ} + 1)$

$= \boxed{ウ} - 1 = 8099$

ア〔　　　　　〕

イ〔　　　　　〕

ウ〔　　　　　〕

☑ (4) $73^2 - 27^2 = (73 + \boxed{ア})(\boxed{イ} - 27)$

$= \boxed{ウ} \times 46 = \boxed{エ}$

ア〔　　　　　〕

イ〔　　　　　〕

ウ〔　　　　　〕

エ〔　　　　　〕

得点アップアドバイス

1

(2) $102 = 100 + 2$ と考えると，和の平方になり，乗法公式を使って展開することができる。

$(x+a)^2 = x^2 + 2ax + a^2$

(4) 式が平方の差の形になっているから，因数分解の公式を利用する。

$x^2 - a^2 = (x+a)(x-a)$

2 【数の能率的な計算】

次の式を，くふうして計算しなさい。

☑ (1) 99×101

☑ (2) $85^2 - 15^2$

〔　　　　　〕　　　　　　　　　　　〔　　　　　〕

3 【式の値】

次の問いの□にあてはまる数や文字を書きなさい。

☑ (1) $x = -7$ のとき，$(x+3)^2 - (x+5)(x-5)$ の値を求めなさい。

$$(x+3)^2 - (x+5)(x-5) = x^2 + 6x + 9 - (x^2 - \boxed{ア})$$
$$= x^2 + 6x + 9 - x^2 + \boxed{イ}$$
$$= 6x + \boxed{ウ}$$

$x = -7$ を代入すると，-8

ア〔　　　　〕 イ〔　　　　〕 ウ〔　　　　〕

☑ (2) $x = -\dfrac{1}{5}$, $y = \dfrac{1}{6}$ のとき，$(x-y)^2 - (x+y)^2$ の値を求めなさい。

$$(x-y)^2 - (x+y)^2 = x^2 - 2xy + y^2 - (\boxed{ア}^2 + 2xy + \boxed{イ}^2)$$
$$= x^2 - 2xy + y^2 - \boxed{ア}^2 - 2xy - \boxed{イ}^2$$
$$= -4xy$$

$x = -\dfrac{1}{5}$, $y = \dfrac{1}{6}$ を代入すると，$\boxed{ウ}$

ア〔　　　　〕 イ〔　　　　〕 ウ〔　　　　〕

☑ (3) $x = 2$, $y = -3$ のとき，$x^2 - 2xy + y^2$ の値を求めなさい。

$$x^2 - 2xy + y^2 = (x - \boxed{ア})^2 = \{2 - (-3)\}^2 = \boxed{イ}$$

ア〔　　　　〕 イ〔　　　　〕

☑ (4) $a = 0.7$, $b = 0.3$ のとき，$a^2 - b^2$ の値を求めなさい。

$$a^2 - b^2 = (\boxed{ア} + b)(a - b) = (\boxed{イ} + 0.3)(0.7 - 0.3) = \boxed{ウ} \times 0.4 = 0.4$$

ア〔　　　　〕 イ〔　　　　〕 ウ〔　　　　〕

4 【式の計算を利用する証明】

連続する2つの整数があります。大きいほうの整数の2乗から小さいほうの整数の2乗をひいた差は奇数になることを証明しなさい。

☑ (1) 小さいほうの整数を n とおくと，大きいほうの整数はどのように表せるか答えなさい。

〔　　　　　　　　　〕

☑ (2) 下の証明を完成させなさい。

[証明]　連続する2つの整数を n，〔ア　　　　　〕とおくと，

　　　　〔イ　　　　　〕$- n^2 = n^2 + 2n + 1 - n^2 = 2n + 1$

　　　　よって，連続する2つの整数で，大きいほうの整数の2乗から小さいほうの整数の2乗をひいた差は奇数になる。

得点アップアドバイス

2
(1) $99 = 100 - 1$, $101 = 100 + 1$ と考える。

3

テストで注意　計算の手順

展開や因数分解の公式を利用して，なるべく簡単にしてから計算することでミスが防げる。

(1) 負の数を代入するときは，かっこをつける。
$6x$ に $x = -7$ を代入
$\rightarrow 6 \times (-7)$

式を簡単にすると，代入してからの計算が楽になるね。

4
確認　偶数と奇数の表し方

n を整数とすると，
偶数…$2n$
奇数…$2n + 1$
などと表せる。

1 【数の計算への利用】
次の式を，くふうして計算しなさい。

(1)　96^2

(2)　1002^2

〔　　　　　　　〕　　　　　　　　〔　　　　　　　〕

(3)　197^2

(4)　106×94

〔　　　　　　　〕　　　　　　　　〔　　　　　　　〕

ミス注意 (5)　10.3×9.7

(6)　1001×999

〔　　　　　　　〕　　　　　　　　〔　　　　　　　〕

2 【因数分解を利用する数の計算】
次の式を，くふうして計算しなさい。

√よくでる (1)　$13^2 - 12^2$

(2)　$65^2 - 35^2$

〔　　　　　　　〕　　　　　　　　〔　　　　　　　〕

(3)　$157^2 - 143^2$

(4)　$0.73^2 - 0.27^2$

〔　　　　　　　〕　　　　　　　　〔　　　　　　　〕

3 【式の値】
次の問いに答えなさい。

√よくでる (1)　$x = \dfrac{1}{2}$ のとき，$(x+3)(x-3) - (x+2)^2$ の値を求めなさい。

〔　　　　　　　〕

(2)　$a = \dfrac{1}{2}$，$b = -\dfrac{1}{4}$ のとき，$(a+b)^2 - (a+b)(a-b)$ の値を求めなさい。

〔　　　　　　　〕

(3)　$x = 17$ のとき，$x^2 - 14x + 49$ の値を求めなさい。

〔　　　　　　　〕

(4)　$m = 1.64$，$n = 1.36$ のとき，$m^2 - n^2$ の値を求めなさい。

〔　　　　　　　〕

(5)　$x + y = 3$，$xy = -4$ のとき，$x^2 + y^2 - xy$ の値を求めなさい。

〔　　　　　　　〕

4 【式の計算を利用する証明】

連続する 3 つの整数があります。最も大きい数と最も小さい数の積に 1 をたした数は，まん中の数の 2 乗に等しいことを証明しなさい。

(1) 最も大きい数を $n+2$ とおくと，最も小さい数はどのように表せるか答えなさい。

〔　　　　　　　〕

(2) 下の証明を完成させなさい。

　[証明]　連続する 3 つの整数を〔ア　　　　　〕，$n+1$，$n+2$ とおくと，

　　　　　$(n+2)×$〔イ　　　　　〕$+1=n^2+2n+1=(n+1)^2$

　　　　　よって，連続する 3 つの整数で，最も大きい数と最も小さい数の積に 1 をたした数は，まん中の数の 2 乗に等しい。

5 【式の計算を利用する証明】

連続する 3 つの自然数を小さいほうから順に，x，y，z とします。これについて，y の 2 乗に残りの 2 数の積をたして，さらに 1 をひいた数は，x と z を約数にもつことを証明しなさい。

思考 **6** 【式の計算を利用する証明】

1 辺が a m の正三角形の土地のまわりに，幅 b m の道があります。この道の面積を S m²，道のまん中を通る線の長さを ℓ m とするとき，$S=b\ell$ が成り立つことを証明しなさい。ただし，円周率は π とします。

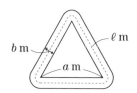

入試レベル問題に挑戦

7 【式の計算を利用する証明】

百の位の数が 3，十の位の数が b，一の位の数が 6 である 3 けたの数が 8 の倍数となるような b の値をすべて求めなさい。

〈佐賀県・改〉

〔　　　　　　　　　　　〕

 ヒント

3 けたの整数は $300+10b+6$ となる。$300+10b+6$ を 8 でくくるために，$(304+8b)+(2b+2)$ を考える。

定期テスト予想問題 ①

1 次の計算をしなさい。 【3点×4】

(1) $4x(2x-3y)$ (2) $(5a+7b)\times4b$

(3) $(6x^2y-15xy)\div3xy$ (4) $(m^2n+4mn^2)\div\dfrac{1}{2}mn$

(1)		(2)	
(3)		(4)	

2 次の式を展開しなさい。 【3点×5】

(1) $(2x-y)(4x+3y+1)$

(2) $(x+4)(x-6)$

(3) $(a-8)(a-7)$

(4) $(x-7)^2$

(5) $(6y-2)(6y+2)$

(1)			
(2)		(3)	
(4)		(5)	

3 次の計算をしなさい。 【3点×4】

(1) $(a-b)^2-(a+2b)^2$ (2) $(x-4)^2+x(x-3)$

(3) $(a+2)(a-2)-(a-1)(a+4)$ (4) $(x-1)(x+5)+(2x+1)(2x-1)$

(1)		(2)	
(3)		(4)	

4 次の問いに答えなさい。 【5点×2】

(1) $x=-3,\ y=-4$ のとき，$(x-y)(x-3y)-(x-2y)^2$ の値を求めなさい。

(2) $x-y=-2$ のとき，$x^2+y^2-2xy+3x-3y+1$ の値を求めなさい。

(1)		(2)	

5 次の式を因数分解しなさい。 【3点×10】

(1) $x^2+9x+20$

(2) $y^2+2y-15$

(3) $49x^2-4$

(4) $x^2+40x+400$

(5) $9x^2-y^2$

(6) $\dfrac{a^2}{9}-4b^2$

(7) $a^2-5a-14$

(8) $2x^2-16x+24$

(9) $3x^2-30x+75$

(10) $32-8x+\dfrac{1}{2}x^2$

(1)		(2)		(3)	
(4)		(5)		(6)	
(7)		(8)		(9)	
(10)					

6 次の式を，くふうして計算しなさい。 【3点×3】

(1) 999^2　　　　　(2) 297×303　　　　　(3) 501^2-499^2

(1)		(2)		(3)	

7 次の問いに答えなさい。 【6点×2】

(1) 連続する 2 つの偶数の 2 乗の差は，2 つの偶数の間にある奇数の 4 倍に等しいことを証明しなさい。

(2) 右の図で，点 B は線分 AC 上にあり，3 つの半円は，それぞれ AB，BC，AC を直径とします。AC$=2a$，BC$=2b$ として，色をつけた部分の面積を，a，b を使って表しなさい。なお，答えはなるべく簡単な式で表しなさい。ただし，円周率は π とします。

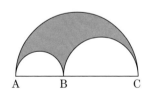

(1)	
	(2)

定期テスト予想問題 ②

時間 ▶ 50分
解答 ▶ 別冊 p.9

得点
／100

1 次の計算をしなさい。 【3点×2】

(1) $-2x(4x-y+3)$

(2) $(4x^2-3xy) \div \dfrac{2}{3}x$

(1)		(2)	

2 次の式を展開しなさい。 【3点×5】

(1) $(2a-4)(a+5)$

(2) $(-n+3)(-n-4)$

(3) $\left(-x+\dfrac{1}{3}y\right)^2$

(4) $(x+y-2)(x+y-5)$

(5) $(a+b-4)(a-b-4)$

(1)		(2)	
(3)		(4)	
(5)			

3 次の計算をしなさい。 【4点×4】

(1) $5m(m-8n)+4n(3m-n)$

(2) $\dfrac{x}{6}(12x+18)-\dfrac{x}{3}(9x-21)$

(3) $(a-2)(a+5)-(a+3)(a-3)$

(4) $(3a+b)^2-(2a+b)(2a-b)$

(1)		(2)	
(3)		(4)	

4 次の式を因数分解しなさい。 【4点×6】

(1) $3x^2y-15xy^2-9xy$

(2) $x^2+8xy+16y^2$

(3) $x^2+xy-72y^2$

(4) $9m^2-24mn+16n^2$

(5) $18p^2q-12pq+2q$

(6) $x^2+y^2-x-y+2xy$

(1)		(2)		(3)	
(4)		(5)		(6)	

5 次の問いに答えなさい。 　　　　　　　　　　　　　　　　　　　　　　【5点×4】

(1) 197×203 をくふうして計算しなさい。

(2) $0.62^2 - 0.38^2$ をくふうして計算しなさい。

(3) $a = \dfrac{3}{4}$, $b = -\dfrac{1}{3}$ のとき, $(a-b)^2 - (a+b)^2$ の値を求めなさい。

(4) $x = 106$ のとき, $x^2 - 12x + 36$ の値を求めなさい。

(1)		(2)		(3)		(4)	

6 連続する 3 つの整数では, それぞれの 2 乗の和を 3 でわった余りは 2 になることを証明しなさい。　　　　　　　　　　　　　　　　　　　　　　　　　　　　　　　【7点】

思考 **7** 右の図のような, **AB = 6 cm**, **AD = x cm** の長方形 **ABCD** があり, 点 **O** は長方形 **ABCD** の対角線の交点です。辺 **DA** の延長線上に **AE = y cm** となる点 **E** をとり, **E** を通り, 辺 **AB** と平行な直線 ℓ をひきます。長方形 **ABCD** を, 直線 ℓ を軸にして 1 回転させてできる立体について, 次の問いに答えなさい。ただし, 円周率は π とします。　　　　　　　　　　　　【(1) 4 点, (2) 8 点】

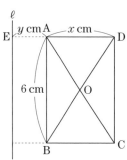

(1) できる立体の体積を x, y を用いて表しなさい。

(2) できる立体の体積を V, 長方形 **ABCD** の面積を S, 点 **O** がえがく線の長さを T とするとき, $V = ST$ となることを証明しなさい。

(1)	
(2)	

1 平方根／近似値と有効数字

🔗 リンク
ニューコース参考書
中3数学
p.84～96

攻略のコツ $a>0$ のとき，a の平方根は $\sqrt{a}$ と $-\sqrt{a}$，正と負の2つがある。

テストに出る！ **重要ポイント**

●**平方根とその性質**

❶ ある数 x を2乗（平方）して a になるとき，x は a の**平方根**という。

$$a \text{ の平方根} \Rightarrow \sqrt{a} \text{ と } -\sqrt{a}$$

❷ $a>0$ のとき，$(\sqrt{a})^2=a$，$(-\sqrt{a})^2=a$

●**平方根の大小**

a，b が正の数のとき，$a>b$ **ならば，**$\sqrt{a}>\sqrt{b}$

●**有理数と無理数**

❶ **有理数**

➡ 分数の形で表せる数。

例 $7\left(=\dfrac{7}{1}\right)$，$0.2\left(=\dfrac{1}{5}\right)$

❷ **無理数**

➡ 分数の形で表せない数。

例 $\sqrt{6}$，$-\sqrt{2}$，π

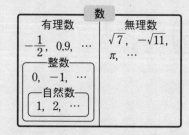

●**近似値と有効数字**

❶ **近似値**…真の値に近い値。　例 測定値，3.14（円周率）

❷ **誤差 = 近似値 − 真の値**

❸ **有効数字**…近似値を表す数字のうち，信頼できる数字。

例 10gの位まで測定して $3800\,\text{g} \rightarrow \underline{3.80}\times10^3\,\text{g}$ ← 有効数字 3, 8, 0

Step 1 基礎力チェック問題

解答▶ 別冊 p.10

1 【平方根の求め方】
次の数の平方根を求めなさい。

☑ (1) 9 　〔　　　　〕　　☑ (2) 64 　〔　　　　〕

☑ (3) $\dfrac{4}{25}$ 　〔　　　　〕　　☑ (4) 0.01 　〔　　　　〕

2 【根号を使った平方根の表し方】
次の数の平方根を，根号を使って表しなさい。

☑ (1) 3 　〔　　　　〕　　☑ (2) 19 　〔　　　　〕

☑ (3) $\dfrac{5}{7}$ 　〔　　　　〕　　☑ (4) $\dfrac{2}{21}$ 　〔　　　　〕

📈 得点アップアドバイス

(4) 1より小さい数の平方根は，その絶対値がもとの数の絶対値より大きくなる。

2

確認 **正の数の平方根**

　正の数の平方根には，正のものと負のものの2つがある。

3 【根号を使わない平方根の表し方】
次の数を，根号を使わないで表しなさい。

☑ (1) $\sqrt{36}$

〔　　　　　〕

☑ (2) $-\sqrt{81}$

〔　　　　　〕

☑ (3) $\sqrt{\dfrac{9}{49}}$

〔　　　　　〕

☑ (4) $-\sqrt{0.25}$

〔　　　　　〕

4 【平方根の性質】
次の数を求めなさい。

☑ (1) $\sqrt{7^2}$

〔　　　　　〕

☑ (2) $-\sqrt{0.1^2}$

〔　　　　　〕

☑ (3) $\left(\sqrt{\dfrac{5}{13}}\right)^2$

〔　　　　　〕

☑ (4) $(-\sqrt{9})^2$

〔　　　　　〕

5 【平方根の大小】
次の各組の数の大小を，不等号を使って表しなさい。

☑ (1) $\sqrt{65}$，8

〔　　　　　〕

☑ (2) -3，$-\sqrt{8}$

〔　　　　　〕

6 【平方根の近似値】
電卓を使って，次の数の近似値を小数第3位まで求めなさい。

☑ (1) $\sqrt{5}$

〔　　　　　〕

☑ (2) $\sqrt{7}$

〔　　　　　〕

7 【有理数と無理数】
次の数の中から，有理数をすべて選び，記号で答えなさい。

ア $\dfrac{3}{5}$　　　イ $\sqrt{7}$　　　ウ 4　　　エ $-\dfrac{\sqrt{9}}{2}$　　　オ $-\sqrt{5}$

〔　　　　　〕

8 【近似値と有効数字】
次の問いに答えなさい。

☑ (1) ある数 a の小数第1位を四捨五入したら，43になりました。このとき，a の真の値の範囲を不等号を使って表しなさい。

〔　　　　　〕

(2) 次の測定値は，それぞれ何の位まで測定したものですか。

☑ ① 4.78×10^3 L

〔　　　　　〕

☑ ② 5.30×10^5 km

〔　　　　　〕

✎ 得点アップアドバイス

3 ┄┄┄┄┄┄┄┄┄┄
(1) $\sqrt{36}$ → 36 の平方根のうち正のもの。

(2) $-\sqrt{81}$ → 81 の平方根のうち負のもの。

4 ┄┄┄┄┄┄┄┄┄┄
$a > 0$ のとき，
● $\sqrt{a^2} = a$
● $-\sqrt{a^2} = -a$
● $(\sqrt{a})^2 = a$
● $(-\sqrt{a})^2 = a$

5 ┄┄┄┄┄┄┄┄┄┄
テストで注意 負の数のとき
(2) a，b が正の数で，$a > b$ ならば，
$-\sqrt{a} < -\sqrt{b}$
← 向きが逆になる

6 ┄┄┄┄┄┄┄┄┄┄
確認 電卓を使った平方根の近似値の求め方

の順に押す。
例 $\sqrt{5}$ …

7 ┄┄┄┄┄┄┄┄┄┄
確認 有理数
分数の形で表せる数が有理数である。

8 ┄┄┄┄┄┄┄┄┄┄
(1) 不等号を使うと，
□ $\leqq a <$ □
の形で表される。

Step 2 実力完成問題

1 【平方根の求め方】
次の数の平方根を求めなさい。

✓よくでる (1) 900　　　　　　　　　　　　　　(2) 0.81

〔　　　　　〕　　　　　　　　　　　　　　〔　　　　　〕

(3) $\dfrac{16}{121}$　　　　　　　　　　　　　(4) 0

〔　　　　　〕　　　　　　　　　　　　　　〔　　　　　〕

2 【平方根とその性質】
次の文は正しいですか。正しければ○を書き，正しくなければ_____の部分を訂正して，正しい文にしなさい。

(1) $\sqrt{400}$ は $\underline{\pm 20}$ です。　　　　　(2) $\sqrt{(-13)^2}$ は $\underline{-13}$ です。

〔　　　　　〕　　　　　　　　　　　　　　〔　　　　　〕

(3) $-\sqrt{7^2}$ は $\underline{-7}$ です。　　　　　(4) $(-\sqrt{6})^2 + 6 = \underline{0}$ です。

〔　　　　　〕　　　　　　　　　　　　　　〔　　　　　〕

3 【平方根の大小】
次の各組の数の大小を，不等号を使って表しなさい。

✓よくでる (1) 20, $\sqrt{300}$　　　　　　　　(2) $\sqrt{\dfrac{2}{5}}$, $\dfrac{2}{3}$

〔　　　　　〕　　　　　　　　　　　　〔　　　　　〕

ミス注意 (3) $-\sqrt{130}$, -12　　　　　　(4) -7, $-\sqrt{45}$, $-\sqrt{50}$

〔　　　　　〕　　　　　　　　〔　　　　　〕

4 【平方根の大きさ】
次の各組の数を，小さいほうから順に書きなさい。

(1) 2, $-\sqrt{10}$, 0, $\sqrt{3}$, -3　　　　〔　　　　　　　　　　〕

(2) 1.5, $-\sqrt{6}$, $\sqrt{2.5}$, -2.5, $\sqrt{2}$　　　〔　　　　　　　　　　〕

5 【平方根の近似値】
電卓を使って，次の数の近似値を小数第3位まで求めなさい。

(1) $\sqrt{10}$　　　〔　　　　　〕 (2) $\sqrt{40}$　　　　　　〔　　　　　〕

(3) $\sqrt{64.8}$　　　〔　　　　　〕 (4) $\sqrt{79}$　　　　　　〔　　　　　〕

6 【平方根の性質】
次の問いに答えなさい。

(1) $\sqrt{20}$ と $\sqrt{30}$ の間にある整数を求めなさい。

〔　　　　　〕

✓よくでる (2) $2<\sqrt{a}<3$ にあてはまる整数 a の値をすべて求めなさい。

〔　　　　　〕

(3) $\sqrt{17-a}$ が自然数になるような自然数 a の値をすべて求めなさい。

〔　　　　　〕

(4) $\sqrt{63a}$ が整数になるような最も小さい自然数 a の値を求めなさい。

〔　　　　　〕

7 【有理数と無理数】
次の数直線上の点 A，B，C，D，E は，下のいずれかの数を表しています。これらの点の表す数を答えなさい。

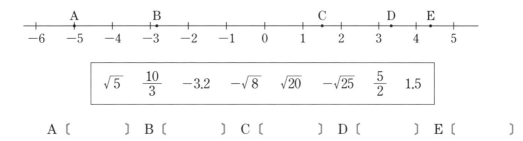

| $\sqrt{5}$ | $\dfrac{10}{3}$ | -3.2 | $-\sqrt{8}$ | $\sqrt{20}$ | $-\sqrt{25}$ | $\dfrac{5}{2}$ | 1.5 |

A〔　　　　〕 B〔　　　　〕 C〔　　　　〕 D〔　　　　〕 E〔　　　　〕

8 【有効数字と測定値】
次の測定値を，有効数字がわかるように，（整数部分が 1 けたの数）×（10 の累乗）の形に表しなさい。

ミス注意 (1) 70 mm （1 mm の位まで測定）

〔　　　　　〕

(2) 3890 g （10 g の位まで測定）

〔　　　　　〕

入試レベル問題に挑戦

9 【平方根の性質と確率】
1 から 6 までの目が出る 2 つのさいころ A，B を同時に 1 回投げます。さいころ A の出る目の数を a，さいころ B の出る目の数を b とするとき，$4<\sqrt{ab}<5$ となる確率を求めなさい。ただし，さいころ A，B のそれぞれについて，どの目が出ることも同様に確からしいものとします。

〈東京都立青山高〉

〔　　　　　〕

💡 **ヒント**
目の出方は全部で 36 通りある。$4<\sqrt{ab}<5$ より，$4^2<ab<5^2$ を考える。

2 根号をふくむ式の計算

リンク
ニューコース参考書
中3数学
p.97 ～ 117

攻略のコツ 根号をふくむ式も数や文字の計算と同様に四則計算ができる。

テストに出る！ **重要ポイント**

◉**根号をふくむ式
の乗法・除法**

$a,\ b$ を正の数とするとき，

$\sqrt{a} \times \sqrt{b} = \sqrt{ab}$　　例 $\sqrt{5} \times \sqrt{7} = \sqrt{35}$

$\sqrt{a} \div \sqrt{b} = \dfrac{\sqrt{a}}{\sqrt{b}} = \sqrt{\dfrac{a}{b}}$　　例 $\sqrt{24} \div \sqrt{8} = \sqrt{\dfrac{24}{8}} = \sqrt{3}$

◉**根号のついた数
の変形**

$a\sqrt{b} = \sqrt{a^2 b} \Longleftrightarrow \sqrt{a^2 b} = a\sqrt{b}$

◉**分母の有理化**

$\dfrac{a}{\sqrt{b}} = \dfrac{a \times \sqrt{b}}{\sqrt{b} \times \sqrt{b}} = \dfrac{a\sqrt{b}}{b}$　　例 $\dfrac{3}{\sqrt{5}} = \dfrac{3 \times \sqrt{5}}{\sqrt{5} \times \sqrt{5}} = \dfrac{3\sqrt{5}}{5}$

◉**根号をふくむ式
の加法・減法**

$m\sqrt{a} + n\sqrt{a} = (m+n)\sqrt{a}$

例 $2\sqrt{2} + 4\sqrt{2} = (2+4)\sqrt{2} = 6\sqrt{2}$

$m\sqrt{a} - n\sqrt{a} = (m-n)\sqrt{a}$

例 $8\sqrt{3} - 5\sqrt{3} = (8-5)\sqrt{3} = 3\sqrt{3}$

◉**根号をふくむ式
の展開**

根号をふくむ式も，分配法則や乗法公式を使って計算できる。

例 $\sqrt{2}(3 - 2\sqrt{2}) = 3\sqrt{2} - 2 \times (\sqrt{2})^2 = 3\sqrt{2} - 4$

Step 1　基礎力チェック問題

解答▶ 別冊 p.12

1 【根号をふくむ式の乗除】
次の計算をしなさい。

☑ (1) $\sqrt{3} \times \sqrt{2}$

〔　　　　　〕

☑ (2) $\sqrt{6} \times (-\sqrt{7})$

〔　　　　　〕

☑ (3) $\sqrt{18} \div \sqrt{6}$

〔　　　　　〕

☑ (4) $\dfrac{\sqrt{15}}{\sqrt{3}}$

〔　　　　　〕

2 【根号の外の数を根号の中に入れる】
次の数を $\sqrt{a}$ の形に表しなさい。

☑ (1) $2\sqrt{7}$

〔　　　　　〕

☑ (2) $\dfrac{\sqrt{10}}{3}$

〔　　　　　〕

▶ **得点アップアドバイス**

1 ‥‥‥‥‥‥‥‥‥

確認 **平方根の積と商**

$a,\ b$ が正の数のとき，

$\sqrt{a} \times \sqrt{b} = \sqrt{ab}$

$\sqrt{a} \div \sqrt{b} = \sqrt{\dfrac{a}{b}}$

2 ‥‥‥‥‥‥‥‥‥

$a\sqrt{b} = \sqrt{a^2 b}$

a を2乗して，$\sqrt{}$ の
中に入れる。

3 【根号の中の数を根号の外に出す】

次の数を $a\sqrt{b}$ の形に表しなさい。

- [✓] (1) $\sqrt{20}$
- [✓] (2) $\sqrt{\dfrac{5}{16}}$

〔　　　　　〕　　　　　〔　　　　　〕

4 【分母の有理化】

次の数の分母を有理化しなさい。

- [✓] (1) $\dfrac{1}{\sqrt{2}}$
- [✓] (2) $\dfrac{5}{\sqrt{7}}$

〔　　　　　〕　　　　　〔　　　　　〕

- [✓] (3) $\dfrac{2}{\sqrt{6}}$
- [✓] (4) $\dfrac{3}{2\sqrt{5}}$

〔　　　　　〕　　　　　〔　　　　　〕

5 【平方根の値】

$\sqrt{2}=1.414$, $\sqrt{5}=2.236$ として, 次の値を求めなさい。

- [✓] (1) $\sqrt{18}$
- [✓] (2) $\sqrt{50}$

〔　　　　　〕　　　　　〔　　　　　〕

- [✓] (3) $\sqrt{80}$
- [✓] (4) $\dfrac{1}{\sqrt{20}}$

〔　　　　　〕　　　　　〔　　　　　〕

6 【根号をふくむ式の加減】

次の計算をしなさい。

- [✓] (1) $6\sqrt{3}+5\sqrt{3}$
- [✓] (2) $4\sqrt{2}+\sqrt{8}$

〔　　　　　〕　　　　　〔　　　　　〕

- [✓] (3) $3\sqrt{10}-\sqrt{10}$
- [✓] (4) $\sqrt{27}-\sqrt{12}$

〔　　　　　〕　　　　　〔　　　　　〕

7 【根号をふくむ式の四則混合計算】

次の計算をしなさい。

- [✓] (1) $\sqrt{6}\,(\sqrt{6}+3)$
- [✓] (2) $4\sqrt{30}\div\sqrt{5}+\sqrt{2}\times2\sqrt{3}$

〔　　　　　〕　　　　　〔　　　　　〕

- [✓] (3) $(\sqrt{5}+4)^2$
- [✓] (4) $(3\sqrt{2}+\sqrt{3})(\sqrt{3}-\sqrt{18})$

〔　　　　　〕　　　　　〔　　　　　〕

③
$\sqrt{a^2b}=a\sqrt{b}$
2乗の因数を見つけて, $\sqrt{}$ の外に出す。

④
確認 **分母の有理化**

分母に根号をふくむ数を, ふくまない形に変形することを, 分母を有理化するという。

⑤
与えられた値を代入できる形に変形しよう。

⑥
確認 **加法・減法**
$m\sqrt{a}+n\sqrt{a}=(m+n)\sqrt{a}$
$m\sqrt{a}-n\sqrt{a}=(m-n)\sqrt{a}$

(2)(4) $\sqrt{}$ の中はできるだけ簡単な数にして計算する。

⑦
テストで 注意

計算の順番に注意する。

2章／平方根

2 根号をふくむ式の計算

1 【根号をふくむ式の乗除】
次の計算をしなさい。

(1) $2\sqrt{14} \times \sqrt{\dfrac{21}{7}}$

(2) $(-3\sqrt{35}) \times (-2\sqrt{70})$

〔　　　　　〕　　　　　　　　　　　　　　　　〔　　　　　〕

(3) $(3\sqrt{2})^2 \div (-3)$

(4) $8\sqrt{42} \div 4\sqrt{7} \div \sqrt{3}$

〔　　　　　〕　　　　　　　　　　　　　　　　〔　　　　　〕

2 【根号のついた数の変形】
次の数を，$a\sqrt{b}$ の形は $\sqrt{A}$ の形に，$\sqrt{A}$ の形は $a\sqrt{b}$ の形に表しなさい。

(1) $-4\sqrt{2}$

(2) $\dfrac{\sqrt{27}}{3}$

〔　　　　　〕　　　　　　　　　　　　　　　　〔　　　　　〕

(3) $\sqrt{80}$

(4) $\sqrt{0.0007}$

〔　　　　　〕　　　　　　　　　　　　　　　　〔　　　　　〕

3 【分母の有理化】
次の数の分母を有理化しなさい。

✓よくでる (1) $\dfrac{\sqrt{3}}{\sqrt{5}}$

(2) $\dfrac{4}{3\sqrt{2}}$

〔　　　　　〕　　　　　　　　　　　　　　　　〔　　　　　〕

(3) $\dfrac{6}{\sqrt{12}}$

(4) $\dfrac{4\sqrt{7}}{\sqrt{8}}$

〔　　　　　〕　　　　　　　　　　　　　　　　〔　　　　　〕

4 【根号をふくむ式の乗除】
次の計算をしなさい。

✓よくでる (1) $\sqrt{2} \times \sqrt{15} \div \sqrt{3}$

(2) $\dfrac{5\sqrt{2}}{2} \div (-\sqrt{20}) \times \sqrt{8}$

〔　　　　　〕　　　　　　　　　　　　　　　　〔　　　　　〕

(3) $\dfrac{5}{\sqrt{3}} \times \sqrt{18} \div \sqrt{2}$

(4) $\dfrac{4}{\sqrt{5}} \div \dfrac{3}{\sqrt{20}} \times \dfrac{6}{\sqrt{11}} \div 2\sqrt{11}$

〔　　　　　〕　　　　　　　　　　　　　　　　〔　　　　　〕

5 【平方根の利用】
次の問いに答えなさい。

ミス注意 (1) 縦 5 cm，横 3 cm の長方形があります。この長方形と同じ面積の正方形の 1 辺の長さは何 cm ですか。

〔　　　　　〕

(2) 半径が 3 cm と 5 cm の 2 つの円があります。面積がこの 2 つの円の面積の差と等しくなるような円をかくには，半径を何 cm にすればよいですか。

〔　　　　　〕

6 【根号をふくむ式の加減】
次の計算をしなさい。

✓よくでる (1) $\sqrt{5}+2\sqrt{20}-\sqrt{45}$ 〔　　　　　〕

(2) $\dfrac{1}{\sqrt{2}}+\sqrt{18}-7\sqrt{2}$ 〔　　　　　〕

(3) $\sqrt{8}-2\sqrt{12}-\dfrac{2}{\sqrt{2}}+\sqrt{27}$ 〔　　　　　〕

(4) $\sqrt{20}-2\sqrt{3}+\sqrt{75}-\dfrac{10}{\sqrt{5}}$ 〔　　　　　〕

7 【根号をふくむ式の四則混合計算】
次の計算をしなさい。

(1) $\sqrt{32}-\sqrt{2}(4-\sqrt{8})$ 〔　　　　　〕

(2) $\sqrt{8}-\sqrt{3}\times\sqrt{6}+6\sqrt{6}\div\sqrt{3}$ 〔　　　　　〕

(3) $(\sqrt{5}-\sqrt{50})(\sqrt{5}+\sqrt{8})$ 〔　　　　　〕

(4) $(\sqrt{3}+\sqrt{2})^{2}-\sqrt{24}$ 〔　　　　　〕

8 【式の値】
次の問いに答えなさい。

✓よくでる (1) $x=\sqrt{5}-2$ のとき，$x^{2}+4x+4$ の値を求めなさい。 〔　　　　　〕

(2) $x=2+\sqrt{2}$，$y=2-\sqrt{2}$ のとき，$x^{2}-y^{2}$ の値を求めなさい。 〔　　　　　〕

入試レベル問題に挑戦

9 【根号をふくむ式の計算】
次の計算をしなさい。

(1) $\dfrac{6-\sqrt{18}}{\sqrt{2}}+\sqrt{2}(1+\sqrt{3})(1-\sqrt{3})$ 〈大阪府〉 〔　　　　　〕

(2) $\left(\dfrac{-1+\sqrt{5}}{2}\right)^{2}+\dfrac{-1+\sqrt{5}}{2}-1$ 〈江戸川学園取手高〉 〔　　　　　〕

💡 ヒント

(1) $\dfrac{6-\sqrt{18}}{\sqrt{2}}$ の分母，分子に $\sqrt{2}$ をかけて，有理化する。

(2) 累乗してから，通分する。

定期テスト予想問題 ①

1 次の数の平方根を求めなさい。 【3点×3】

(1) 64　　　　　　　(2) 7　　　　　　　(3) 0.09

(1)	(2)	(3)

2 次の数を，根号を使わないで表しなさい。 【3点×3】

(1) $\sqrt{169}$　　　　　(2) $-\sqrt{49}$　　　　　(3) $\sqrt{\dfrac{9}{100}}$

(1)	(2)	(3)

3 次の各組の数の大小を，不等号を使って表しなさい。 【4点×2】

(1) $\dfrac{2}{3}$, $\dfrac{\sqrt{2}}{3}$, $\dfrac{1}{\sqrt{3}}$　　　　　(2) -5, $-\sqrt{26}$, $-\sqrt{23}$

(1)	(2)

4 $\sqrt{3}=1.732$, $\sqrt{30}=5.477$ として，次の値を求めなさい。 【3点×2】

(1) $\sqrt{0.003}$　　　　　　　(2) $\sqrt{30000}$

(1)	(2)

5 次の数の中から，無理数をすべて選び，記号で答えなさい。 【4点】

ア $\dfrac{1}{2}$　　イ $-\sqrt{7}$　　ウ $\dfrac{4}{33}$　　エ $\sqrt{0.16}$　　オ $-\dfrac{\sqrt{25}}{3}$　　カ $\sqrt{5}+\sqrt{3}$

6 次の測定値は，それぞれ何の位まで測定したものですか。 【3点×2】

(1) $6.34\times10^{4}\,\mathrm{g}$　　　　　　　(2) $2.80\times10^{6}\,\mathrm{m}^{2}$

(1)	(2)

7 次の計算をしなさい。 【4点×4】

(1) $5\sqrt{6} \times 6\sqrt{10}$

(2) $\sqrt{72} \div (-\sqrt{24}) \div 2\sqrt{2}$

(3) $2\sqrt{18} + \sqrt{32} - \sqrt{50}$

(4) $\dfrac{3}{\sqrt{2}} - \dfrac{\sqrt{18}}{3}$

8 次の計算をしなさい。 【4点×6】

(1) $\sqrt{2} - \sqrt{3} \times \sqrt{6} + \sqrt{32}$

(2) $2\sqrt{2} - \sqrt{3}(\sqrt{6} - \sqrt{2})$

(3) $(\sqrt{3} - \sqrt{6}) \times \dfrac{1}{\sqrt{3}}$

(4) $\dfrac{\sqrt{45} - \sqrt{20}}{\sqrt{5}} + \sqrt{75}$

(5) $(3\sqrt{3} + 4)(3\sqrt{3} - 4)$

(6) $(\sqrt{5} + \sqrt{3})^2 - \sqrt{60}$

(1)		(2)		(3)	
(4)		(5)		(6)	

9 次の式の値を求めなさい。 【4点×2】

(1) $x = \sqrt{3} - 4$ のとき，$x^2 + 8x - 20$

(2) $x = \sqrt{5} + 2$, $y = \sqrt{5} - 2$ のとき，$x^2 y - xy^2$

(1)		(2)	

10 次の問いに答えなさい。 【5点×2】

(1) 面積が $50\pi\,\text{cm}^2$ の円があります。この円の半径は何 cm ですか。

(2) 体積が $100\,\text{cm}^3$，高さが $5\,\text{cm}$ の正四角柱があります。この正四角柱の底面の正方形の1辺の長さは何 cm ですか。

定期テスト予想問題 ②

1 次のことがらが正しければ○を書き，まちがっていたら下線部を正しくなおしなさい。

【3点×4】

(1) 15 の平方根は $\sqrt{15}$ です。

(2) $\sqrt{144}$ は $\underline{\pm 12}$ です。

(3) $\sqrt{0.16}$ は $\underline{0.4}$ に等しいです。

(4) $\sqrt{25} - \sqrt{4}$ は $\underline{\sqrt{21}}$ に等しいです。

(1)		(2)		(3)		(4)	

2 次の数の分母を有理化しなさい。

【4点×4】

(1) $\dfrac{2}{\sqrt{11}}$

(2) $\dfrac{\sqrt{3}}{2\sqrt{6}}$

(3) $\dfrac{\sqrt{42}}{\sqrt{5}\sqrt{3}}$

(4) $\dfrac{\sqrt{2} + \sqrt{21}}{\sqrt{7}}$

(1)		(2)		(3)		(4)	

3 次の問いに答えなさい。

【4点×4】

(1) ある数の小数第3位を四捨五入したら 5.36 になりました。この数の真の値 a の範囲を不等号を使って表しなさい。

(2) 測定値 $2.53 \times 10^4\,\mathrm{m}$ は，何 m の位まで測定したものですか。

(3) 次の近似値の有効数字が（　　）内のけた数であるとき，それぞれの近似値を（整数部分が1けたの数）×（10 の累乗）の形で表しなさい。

① 15000 cm （3けた）　　　　　　② 320000 g （2けた）

(1)		(2)	
(3) ①		②	

4 次の計算をしなさい。 【4点×4】

(1) $3\sqrt{6} \times \sqrt{21} \times \sqrt{8}$

(2) $\dfrac{4}{\sqrt{6}} + \dfrac{\sqrt{24}}{6} - \sqrt{54}$

(3) $\sqrt{24} \times \dfrac{3}{\sqrt{2}} + \sqrt{48}$

(4) $\sqrt{50} - \dfrac{8}{\sqrt{2}} + \sqrt{6} \times \sqrt{3}$

(1)		(2)	
(3)		(4)	

5 次の計算をしなさい。 【5点×4】

(1) $\sqrt{10}(\sqrt{5} - \sqrt{2}) + \sqrt{32}$

(2) $3\sqrt{2}(\sqrt{6} - 1) + \sqrt{3}(2 + \sqrt{6})$

(3) $(2\sqrt{5} - 1)^2 - \sqrt{5}$

(4) $(\sqrt{3} - 1)(\sqrt{3} - 4) + \sqrt{12}$

(1)		(2)		(3)		(4)	

6 a を正の整数とするとき，次の問いに答えなさい。 【5点×2】

(1) $2.5 < \sqrt{a} < 3$ にあてはまる a の値をすべて求めなさい。

(2) $\sqrt{45a}$ が自然数になるような最も小さい a の値を求めなさい。

(1)		(2)	

 7 さくらさんは，右の図のような直径 **10 cm** の円形の木材を切って，できるだけ大きな正方形のコースターをつくることにしました。1 辺の長さが何 **cm** の正方形のコースターをつくることができますか。 【10点】

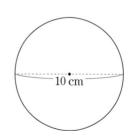

10 cm

1 2次方程式の解き方

リンク
ニューコース参考書
中3数学
p.126 ～ 144

攻略のコツ 方程式を (左辺)＝0 の形に変形して解く。

テストに出る! **重要ポイント**

● 平方根の考えを
使った解き方

方程式を $\boxed{}^2＝$(数) の形に変形して解く。

- $ax^2＝b \Rightarrow x^2＝\dfrac{b}{a} \Rightarrow x＝\pm\sqrt{\dfrac{b}{a}}$

- $(x+m)^2＝n \Rightarrow x+m＝\pm\sqrt{n} \Rightarrow x＝-m\pm\sqrt{n}$

- $x^2+px+q＝0 \Rightarrow (x+m)^2＝n$ の形に変形する。

  例 $x^2+4x-7＝0 \rightarrow x^2+4x＝7 \rightarrow x^2+4x+2^2＝7+2^2$
  $\rightarrow (x+2)^2＝11 \rightarrow x+2＝\pm\sqrt{11} \rightarrow x＝-2\pm\sqrt{11}$

● 解の公式

2次方程式 $ax^2+bx+c＝0$ （a, b, c は定数, $a\neq0$）の解

$\Rightarrow x＝\dfrac{-b\pm\sqrt{b^2-4ac}}{2a}$

● 因数分解を利用
した解き方

- $(x+a)(x+b)＝0 \Rightarrow x＝-a,\ x＝-b$
  例 $(x+8)(x+9)＝0 \Rightarrow x＝-8,\ x＝-9$

- $(x+a)^2＝0 \Rightarrow x＝-a$
  例 $(x+8)^2＝0 \Rightarrow x＝-8$

- $(x+a)(x-a)＝0 \Rightarrow x＝-a,\ x＝a$
  例 $(x+8)(x-8)＝0 \Rightarrow x＝-8,\ x＝8$

Step 1 基礎力チェック問題

解答 別冊 p.16

1 【$x^2＝p$ の形の 2 次方程式】
次の方程式を解きなさい。

☑ (1) $x^2＝25$

☑ (2) $x^2＝10$

〔　　　　　〕　　　　　〔　　　　　〕

2 【$x^2-p＝0$ の形の 2 次方程式】
次の方程式を解きなさい。

☑ (1) $x^2-36＝0$

☑ (2) $x^2-7＝0$

〔　　　　　〕　　　　　〔　　　　　〕

☑ (3) $x^2-12＝0$

☑ (4) $x^2-\dfrac{5}{24}＝0$

〔　　　　　〕　　　　　〔　　　　　〕

得点アップアドバイス

1

✔確認 **根号の中の数**

答えの根号の中の数
は，できるだけ小さい自
然数にする。

2

$x^2＝p$ の形に変形する。
(1) $x^2-36＝0$
$\quad\quad x^2＝36$

3 【$ax^2=b$ の形の 2 次方程式】

2 次方程式 $6x^2=96$ を解きます。□にあてはまる数を書きなさい。

$6x^2=96$ の両辺を x^2 の係数でわると，$x^2=\boxed{}$

$x^2=\boxed{}$ の右辺の平方根を求めると，$x=\pm\boxed{}$

4 【$(x+m)^2=n$ の形の 2 次方程式】

次の方程式を解きなさい。

(1) $(x+3)^2=64$
〔　　　　　〕

(2) $(x+2)^2=5$
〔　　　　　〕

(3) $(x-5)^2=7$
〔　　　　　〕

(4) $(x-6)^2=18$
〔　　　　　〕

5 【$(x+a)^2$ の形の式をつくる】

次のア，イにあてはまる数を書きなさい。

(1) $x^2+2x+\boxed{ア}=\left(x+\boxed{イ}\right)^2$　ア〔　　　〕イ〔　　　〕

(2) $x^2-6x+\boxed{ア}=\left(x-\boxed{イ}\right)^2$　ア〔　　　〕イ〔　　　〕

5

(1) 下の式の p に 2 をあてはめて考えるとよい。
$x^2+px+\left(\dfrac{p}{2}\right)^2=\left(x+\dfrac{p}{2}\right)^2$

6 【$x^2+px+q=0$ の形の 2 次方程式】

2 次方程式 $x^2+6x+3=0$ の解き方について，□にあてはまる数を書きなさい。

$x^2+6x+3=0$ の左辺の 3 を右辺へ移項すると，$x^2+6x=\boxed{}$

x の係数の $\dfrac{1}{2}$ の 2 乗を両辺に加えると，$x^2+6x+\boxed{}=-3+\boxed{}$

$\left(x+\boxed{}\right)^2=6 \rightarrow x+\boxed{}=\boxed{} \rightarrow x=\boxed{}\pm\boxed{}$

7 【解の公式】

解の公式を使って，$2x^2+3x-6=0$ を解きます。□にあてはまる数を書きなさい。

$x=\dfrac{-\boxed{}\pm\sqrt{\boxed{}^2-4\times2\times(-6)}}{2\times2}=\dfrac{-3\pm\sqrt{\boxed{}}}{4}$

8 【因数分解によって解く 2 次方程式】

次の方程式を解きなさい。

(1) $x(x+2)=0$
〔　　　　　〕

(2) $(x+5)(x-2)=0$
〔　　　　　〕

(3) $(x+4)^2=0$
〔　　　　　〕

(4) $(5x-1)^2=0$
〔　　　　　〕

8

$AB=0$ ならば，
$A=0$ または $B=0$
を使って考える。
(1) $x=0$ または $x+2=0$

実力完成問題

1 【$ax^2=b$, $ax^2-b=0$ の形の 2 次方程式】
次の方程式を解きなさい。

(1)　$3x^2=75$　　　　　　　　　　　　　　　　　　〔　　　　　　　　〕

(2)　$4x^2=6$　　　　　　　　　　　　　　　　　　〔　　　　　　　　〕

(3)　$2x^2-10=0$　　　　　　　　　　　　　　　　〔　　　　　　　　〕

✓よくでる (4)　$5x^2-80=0$　　　　　　　　　　　　　　　　〔　　　　　　　　〕

2 【$(x+m)^2=n$ の形に変形して解く 2 次方程式】
次の方程式を，$(x+m)^2=n$ の形にして解きなさい。

(1)　$x^2+2x=2$　　　　　　　　　　　　　　　　　〔　　　　　　　　〕

(2)　$x^2-8x=9$　　　　　　　　　　　　　　　　　〔　　　　　　　　〕

(3)　$x^2-4x+3=0$　　　　　　　　　　　　　　　　〔　　　　　　　　〕

(4)　$x^2+10x+18=0$　　　　　　　　　　　　　　　〔　　　　　　　　〕

(5)　$3x^2-6x-15=0$　　　　　　　　　　　　　　　〔　　　　　　　　〕

ミス注意 (6)　$\dfrac{1}{2}x^2+2x+1=0$　　　　　　　　　　　　　〔　　　　　　　　〕

3 【解の公式を使って解く 2 次方程式】
次の方程式を，解の公式を使って解きなさい。

(1)　$x^2+9x+4=0$　　　　　　　　　　　　　　　　〔　　　　　　　　〕

(2)　$2x^2-5x+3=0$　　　　　　　　　　　　　　　〔　　　　　　　　〕

(3)　$4x^2-6x=1$　　　　　　　　　　　　　　　　　〔　　　　　　　　〕

(4)　$7x^2+9x+2=x^2-x$　　　　　　　　　　　　　〔　　　　　　　　〕

(5)　$(x+1)(x+7)=2(x+2)$　　　　　　　　　　　　〔　　　　　　　　〕

(6)　$x^2-\dfrac{3}{2}x+\dfrac{1}{3}=0$　　　　　　　　　　　　　〔　　　　　　　　〕

4 【因数分解を利用して解く2次方程式】
次の方程式を，因数分解して解きなさい。

(1) $x^2-8x=0$ 〔 　　　　　 〕

(2) $3x^2-48=0$ 〔 　　　　　 〕

✓よくでる (3) $x^2+5x-36=0$ 〔 　　　　　 〕

(4) $x^2-7x+10=0$ 〔 　　　　　 〕

(5) $x^2+14x+49=0$ 〔 　　　　　 〕

ミス注意 (6) $-2x^2+2x+12=0$ 〔 　　　　　 〕

5 【複雑な形の2次方程式】
次の方程式を解きなさい。

(1) $(x+3)(x-1)=2$ 〔 　　　　　 〕

(2) $2(x+3)^2-\dfrac{1}{2}=0$ 〔 　　　　　 〕

(3) $2x(x-2)=x(x+3)$ 〔 　　　　　 〕

(4) $x^2-2(x+3)(x-7)=22$ 〔 　　　　　 〕

(5) $3(x-2)=\dfrac{1}{3}x^2$ 〔 　　　　　 〕

6 【2次方程式の解の大小】
次の問いに答えなさい。

(1) 2次方程式 $x^2-6x+3=0$ の解のうち，小さいほうを求めなさい。〔 　　　　　 〕

(2) 2次方程式 $x^2+x-6=0$ の2つの解のうち，大きいほうを a，小さいほうを b とするとき，$a-b$ の値を求めなさい。 〔 　　　　　 〕

入試レベル問題に挑戦

7 【2次方程式の解】
x についての2次方程式 $x^2-(a^2-4a+5)x+5a(a-4)=0$ において，a が正の整数であるとき，この2次方程式の解が1つになるような a の値を求めなさい。 〈明治大学付属明治高〉

〔 　　　　　 〕

 ヒント

左辺を因数分解し，x の2つの解を求める。

2 2次方程式の応用

リンク
ニューコース参考書
中3数学
p.145〜151

攻略のコツ 求めるものを x とおき，2次方程式をつくって解く。

テストに出る! 重要ポイント

● **解と係数**
方程式に与えられた解を代入し，求める文字についての方程式を解く。

例 $x^2-ax-4=0$ の1つの解が4のときの a の値と他の解を求める。

→方程式に $x=4$ を代入して，a の値を求める。$a=3$

→ $a=3$ を代入した方程式を解き，他の解を求める。$x=-1$

● **文章題の解き方**
文章題では，❶ 何を x で表すか決める。❷ 2次方程式をつくる。❸ 2次方程式を解く。❹ 解を検討する。

例 連続した2つの自然数の積が132のとき，2つの自然数を求める。

→小さいほうの自然数を x とすると，大きいほうの自然数は $x+1$
①

→積が132だから，$x(x+1)=132$ これを解くと，$x=11$，$x=-12$
② ③

→ x は自然数だから，$x=11$ 答 11と12
④

Step 1 基礎力チェック問題

解答 別冊 p.18

1 【解と係数】
x についての2次方程式 $x^2-2x+a=0$ の1つの解が4であるとき，次の問いに答えなさい。

☑ (1) a の値を求めなさい。 〔　　　　〕

☑ (2) 他の解を求めなさい。 〔　　　　〕

2 【2つの自然数】
差が7で，積が60である2つの自然数を求めます。□にあてはまる式や数を書きなさい。

☑ (1) 2つの自然数のうち，小さいほうの自然数を x とすると，2数の差が7だから，大きいほうの自然数は □ となる。

☑ (2) 積が60だから，$x\left(\boxed{}\right)=60$ これを解くと，$x=-12$，$x=\boxed{}$

☑ (3) x は自然数だから，小さいほうの自然数は □ となり，大きいほうの自然数は □ となる。

得点アップアドバイス

1
(1) $x=4$ を方程式に代入して，a の値を求める。

2
(1) 2つの自然数の差が7であることから，大きいほうの自然数を x を使って表す。

復習 自然数
(3) 自然数は正の整数である。

3 【連続する整数】

連続する2つの正の整数があり，その積は6です。小さいほうの数を x として，次の問いに答えなさい。

☑ (1) 大きいほうの数を x の1次式で表しなさい。

〔　　　　〕

☑ (2) x を求めるための方程式をつくりなさい。

〔　　　　〕

☑ (3) (2)の方程式を解きなさい。

〔　　　　〕

☑ (4) 2つの正の整数を求めなさい。

〔　　　　〕

4 【面積の問題】

長方形の土地があり，その横の長さは縦の長さより2m長く，面積は $80\,m^2$ です。縦の長さを $x\,m$ として，次の問いに答えなさい。

☑ (1) 横の長さを x の1次式で表しなさい。

〔　　　　〕

☑ (2) x を求めるための方程式をつくりなさい。

〔　　　　〕

☑ (3) (2)の方程式を解きなさい。

〔　　　　〕

☑ (4) 縦の長さと横の長さをそれぞれ求めなさい。

縦の長さ 〔　　　　〕　　　横の長さ 〔　　　　〕

5 【動く点の問題】

右の図のような，1辺が10cmの正方形 ABCD があります。点Pは辺 AB 上をAからBまで，点Qは辺 AD 上をDからAまで，どちらも1cm/sの速さで動きます。点P，Qが同時に出発するとき，△APQの面積が $8\,cm^2$ になるのは，出発してから x 秒後として，次の問いに答えなさい。

☑ (1) 点Pが x 秒動いたときの，AP と AQ の長さを x を使って表しなさい。

AP 〔　　　　〕　　　AQ 〔　　　　〕

☑ (2) x を求めるための方程式をつくりなさい。

〔　　　　〕

☑ (3) (2)の方程式を解きなさい。

〔　　　　〕

☑ (4) △APQの面積が $8\,cm^2$ になるのは，出発してから何秒後と何秒後ですか。

〔　　　　〕

得点アップアドバイス

3 ‥‥‥‥‥

(1) 2つの連続する整数の差は1。

(2) 2つの整数の積が6であることを使う。

4 ‥‥‥‥‥

(2) 長方形の面積を求める式を考えるとよい。

テストで注意　解の検討

(4) 辺の長さは，正の数になる。

5 ‥‥‥‥‥

(1) 点Pが x 秒動いたとき，点Qも x 秒動く。x 秒で x cm 動く。

(2) △APQの面積が $8\,cm^2$ になることから考える。

1 【解と係数】
次の問いに答えなさい。

(1) x についての2次方程式 $x^2-ax+a^2-7=0$ の1つの解が2であるとき，a の値をすべて求めなさい。

〔　　　　　〕

✓よくでる (2) x についての2次方程式 $x^2-ax+2a+1=0$ の1つの解が3であるとき，a の値と他の解を求めなさい。

a〔　　　　　〕　他の解〔　　　　　〕

(3) x についての2次方程式 $x^2+ax+b=0$ の解が -2 と -3 であるとき，a と b の値を求めなさい。

〔　　　　　〕

2 【整数の問題】
次の問いに答えなさい。

✓よくでる (1) 2つの正の整数があります。その和は15で，積は36になるといいます。この2つの正の整数を求めなさい。

〔　　　　　〕

(2) ある自然数から4をひいて2乗したものが，もとの自然数の2倍に等しくなりました。もとの自然数をすべて求めなさい。

〔　　　　　〕

(3) 2けたの自然数があります。一の位の数と十の位の数の和は5で，十の位の数と一の位の数を入れかえた自然数と，もとの自然数との積は736です。
　もとの自然数をすべて求めなさい。

〔　　　　　〕

3 【連続する3つの整数】
連続する3つの正の整数があります。最も大きい数と最も小さい数の積の2倍は，まん中の数を2乗した数の3倍より102小さくなります。
このとき，次の問いに答えなさい。

(1) まん中の数を x として，x を求めるための方程式をつくりなさい。

〔　　　　　〕

(2) (1)の方程式を解いて，3つの正の整数を求めなさい。

〔　　　　　〕

4 【面積の問題】

次の問いに答えなさい。

(1) 長さ 40 cm のひもで囲んで長方形をつくり，その面積を 84 cm² にしたいと思います。この長方形の 2 辺の長さを求めなさい。

〔　　　　　　　　〕

(2) 下底の長さが上底の長さの 2 倍で，高さが上底の長さの 3 倍である台形の面積が 72 cm² でした。この台形の上底の長さを求めなさい。

〔　　　　　　　　〕

5 思考　ミス注意　【面積の問題】

右の図のように，正方形 ABCD と長方形 AEFG が重なっています。長方形の辺の長さは，正方形の 1 辺より縦は 3 cm 長く，横は 4 cm 短くなっています。長方形 AEFG の面積が 78 cm² のとき，正方形と長方形が重なっていない部分の面積を求めなさい。

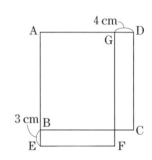

〔　　　　　　　　〕

6 【グラフ上の点の座標】

右の図で，点 P は $y=x+1$ のグラフ上の点で，点 Q は点 P から x 軸にひいた垂線と x 軸との交点です。△OPQ の面積が 15 cm² のとき，点 P の座標を求めなさい。ただし，（P の x 座標）＞0 とし，座標の 1 目もりは 1 cm とします。

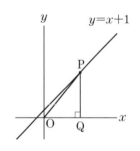

〔　　　　　　　　〕

入試レベル問題に挑戦

7 【面積の問題】

右の資料は，北海道旗（道旗）の大きさの基準についてまとめたものです。面積が 9000 cm² である道旗の縦の長さは何 cm ですか。道旗の縦の長さを x cm として方程式をつくり，求めなさい。

〈北海道・改〉

○道旗の大きさの基準

・道旗の縦と横の長さの比は，2：3 である。

北海道旗（道旗）

〔　　　　　　　　〕

💡 **ヒント**

縦の長さを x cm として，横の長さを x を使って表す。

定期テスト予想問題 ①

時間 ▶ 50分
解答 ▶ 別冊 p.20

得点
／100

1 次の2次方程式のうち，1つの解が4であるものを1つ選び，記号で答えなさい。 【5点】

ア $(x-16)^2=0$ イ $x^2-9x+20=0$

ウ $(x-6)(x+4)=0$ エ $x^2-4=0$

2 次の方程式を解きなさい。 【5点×5】

(1) $x^2-225=0$ (2) $(x+3)^2=16$

(3) $(x-1)^2-7=0$ (4) $x^2-9x+4=0$

(5) $2x^2+8x+5=0$

(1)		(2)		(3)	
(4)		(5)			

3 次の方程式を解きなさい。 【5点×4】

(1) $x^2+6x=0$ (2) $x^2-2x-15=0$

(3) $x^2+13x+36=0$ (4) $x^2-16x+64=0$

(1)		(2)		(3)		(4)	

4 次の方程式を解きなさい。 【5点×2】

(1) $x^2=8(x-2)$

(2) $(x+3)(2x-1)=x(x-2)+5$

(1)		(2)	

5 x についての 2 次方程式 $x^2+ax-10a+2=0$ の 1 つの解が 4 であるとき，次の問いに答えなさい。

【7 点 × 2】

(1) a の値を求めなさい。

(2) 他の解を求めなさい。

(1)		(2)	

6 ある正の整数を 2 乗してから 4 倍するところを，誤って 4 倍してから 2 乗したため，計算の結果が 192 だけ大きくなってしまいました。
この正の整数を求めなさい。

【8 点】

7 右の図のように，縦と横の長さの比が 1：2 である長方形の厚紙があります。この厚紙の 4 すみから 1 辺 2 cm の正方形を切り取り，残りを折り曲げて，ふたのない箱をつくったら，容積が 96 cm³ になりました。
もとの長方形の縦の長さを求めなさい。ただし，厚紙の厚さは考えません。

【8 点】

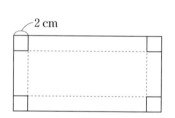

8 右の図のような正方形で，点 P は辺 AB 上を B から A まで，点 Q は辺 AD 上を A から D まで動きます。点 P と点 Q は同時に出発し，どちらも 2 cm/s の速さで動きます。このとき，△APQ の面積が 48 cm² になるのは，出発してから何秒後と何秒後ですか。

【10 点】

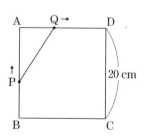

定期テスト予想問題 ②

1 1，2，3，4，5のうち，次の2次方程式の解になるものをすべて答えなさい。　【5点×2】

(1) $x^2+x-20=0$

(2) $-x^2+6x-7=(x-3)^2$

(1)		(2)	

2 次の方程式を解きなさい。　【5点×8】

(1) $8x^2=9$

(2) $(x-2)^2=16$

(3) $x^2-14x=-48$

(4) $x^2+x+\dfrac{1}{4}=0$

(5) $2x^2+2x-24=0$

(6) $x^2+5x+3=0$

(7) $2(x+2)(x-2)=0$

(8) $(x+1)^2+2x=0$

(1)		(2)		(3)		(4)	
(5)		(6)		(7)		(8)	

3 次の問いに答えなさい。　【5点×2】

(1) x についての2次方程式 $ax^2-2x-3a=0$ の1つの解が3であるとき，他の解を求めなさい。

(2) 2次方程式 $x^2+4x-12=0$ の大きいほうの解が $x^2-x+3a=0$ の解であるとき，a の値を求めなさい。

(1)		(2)	

4 2つの連続する自然数をそれぞれ2乗すると，それらの和が313になるとき，2つの自然数を求めなさい。　【8点】

5 横の長さが縦の長さの2倍である長方形があります。
この長方形の横の長さと縦の長さをそれぞれ4cmずつ長くした長方形をつくったら，その面積が70cm²になりました。
このとき，もとの長方形の縦の長さを x cm として，次の問いに答えなさい。

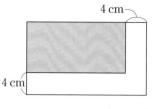

【8点×2】

(1) x を求めるための方程式をつくりなさい。

(2) もとの長方形の横の長さを求めなさい。

6 右の図で，点Pは $y=x+2$ のグラフ上の点で，点Qは点Pから x 軸にひいた垂線と x 軸との交点です。また，x 軸上に，PQ＝QRとなる点Rを点Pの右側にとります。△PQRの面積が18cm²となるとき，点Pの座標を求めなさい。
ただし，（Pの x 座標）＞0とし，座標の1目もりは1cmとします。 【8点】

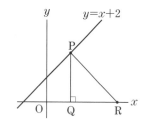

7 Aさんのクラスでは，近所の小学校の1年生との交流会で，的当てゲームをすることになったので，的を作ることにしました。作る的は右の図のような円の形をしており，Oは中心，OCは半径で，A，BはOC上の点です。
的は，当たった部分で得点が決まるようになっており，まん中に近づくほど得点が高くなっています。AB＝BC＝20cmにして的を作ったところ，OBを半径とする円の面積と，色をつけた部分の面積が等しくなりました。10点，20点，30点の部分の面積を調べると，30点の部分の面積が3つの得点の中でいちばん小さくなりました。このとき，OAの長さは何cmになったか，答えなさい。ただし，円周率は π とします。 【8点】

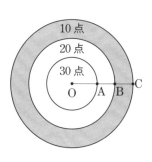

1 関数 $y=ax^2$

リンク
ニューコース参考書
中3数学
p.160～174

攻略のコツ 関数 $y=ax^2$ では，y の値の増減が $x=0$ を境に変わることに注意する。

テストに出る! **重要ポイント**

● **関数 $y=ax^2$**

$y=ax^2$ ➡ y は x の 2 乗に比例する。
└→a を**比例定数**という。$a \neq 0$

● x の値とそれに対応する y の値がわかっている場合
→ $y=ax^2$ に x と y の値を代入して，a の値を求める。

● **$y=ax^2$ のグラフ**

$y=ax^2$ のグラフは原点を通り，y 軸について対称な放物線。

[$a>0$ のとき]
グラフは x 軸の
上側にあり，
上に開いている。

[$a<0$ のとき]
グラフは x 軸
の下側にあり，
下に開いている。

● **$y=ax^2$ の値の
変化**

x の変域に 0 をふくむ場合の y の変域。

[$a>0$ のとき]
➡ $x=0$ のとき，
y は最小値 0

[$a<0$ のとき]
➡ $x=0$ のとき，
y は最大値 0

● **$y=ax^2$ の
変化の割合**

変化の割合 $= \dfrac{y \text{ の増加量}}{x \text{ の増加量}}$ → 一定ではない。

Step 1 基礎力チェック問題

解答 別冊 p.22

1 【2乗に比例する関係を表す式】
次のア～オの中から，y が x の 2 乗に比例する関係を表す式であるものをすべて選び，記号で答えなさい。

ア $y=2x$
イ $y=2x^2$
ウ $y=2x+1$
エ $y=\dfrac{2}{x}$
オ $y=\dfrac{1}{2}x^2$

〔　　　　〕

2 【2乗に比例する関係】
次の場合について，y が x の 2 乗に比例するときには○を，y が x の 2 乗に比例しないときには×を書きなさい。

(1) 1 辺が $2x$ cm の正方形の面積を y cm^2 とする。　〔　　　　〕

(2) 1 辺が x cm の立方体の体積を y cm^3 とする。　〔　　　　〕

得点アップアドバイス

1
確認 **y が x の 2 乗に比例**
y が x の 2 乗に比例する関係は，$y=ax^2$ と表せる。a は 0 でない定数（比例定数）。

2
x と y の関係を式に表し，$y=ax^2$ の形になるかどうかを調べる。

3 【関数 $y=ax^2$】

y が x の2乗に比例する関数があります。$x=2$ のとき $y=8$ です。次の問いに答えなさい。

☑ (1) y を x の式で表しなさい。

〔　　　　　　　〕

☑ (2) $x=3$ のときの y の値を求めなさい。

〔　　　　　　　〕

☑ (3) x の値が5倍になると，y の値は何倍になりますか。

〔　　　　　　　〕

4 【$y=ax^2$ のグラフ】

関数 $y=x^2$ について，次の問いに答えなさい。

☑ (1) x と y の値の関係を表に表します。ア～ウにあてはまる数を求めなさい。

x	-3	-2	-1	0	1	2	3
y	9	ア	1	イ	1	4	ウ

ア〔　　　　〕
イ〔　　　　〕
ウ〔　　　　〕

☑ (2) (1)の表をもとに，右の図に x と y の値の組を座標とする点をとって，関数 $y=x^2$ のグラフをかきなさい。

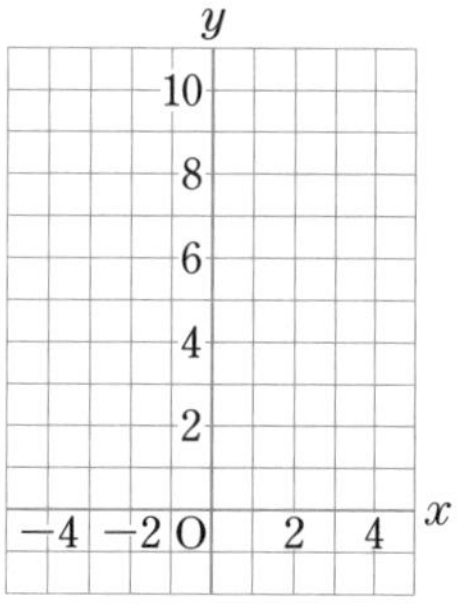

☑ (3) (2)でかいたグラフと x 軸について対称な放物線になる関数の式を書きなさい。

〔　　　　　　　〕

5 【x の変域と y の変域】

関数 $y=\frac{1}{2}x^2$ について，次の問いに答えなさい。

☑ (1) x の変域が $-2\leqq x\leqq 4$ のとき，グラフは右の図の実線部分になります。このとき，y の値の最大値と最小値を求めなさい。

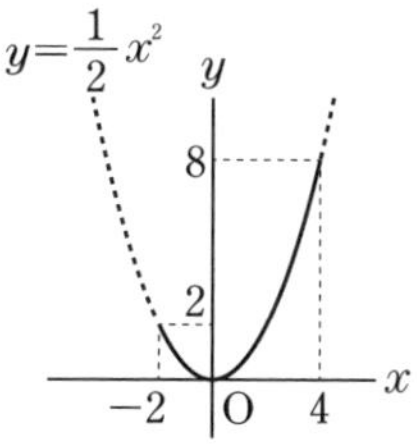

最大値〔　　　　　〕
最小値〔　　　　　〕

☑ (2) x の変域が $-2\leqq x\leqq 4$ のときの y の変域を求めなさい。

〔　　　　　　　〕

6 【変化の割合】

関数 $y=x^2$ について，x の値が1から3まで増加するときの変化の割合を求めなさい。

〔　　　　　　　〕

◤ 得点アップアドバイス

3 ‥‥‥‥‥‥
(1) $y=ax^2$ に x と y の値を代入して，a の値を求める。

テストで注意 **$y=ax^2$ の関係**
(3) $y=ax^2$ の関係では，y は x に比例するのではなく，x^2 に比例する。

4 ‥‥‥‥‥‥
確認 **$y=ax^2$ のグラフ**
関数 $y=ax^2$ のグラフは，原点を通り，y 軸について対称な放物線になる。

(3) $y=ax^2$ のグラフと $y=-ax^2$ のグラフは，x 軸について対称である。

5 ‥‥‥‥‥‥
関数 $y=ax^2(a>0)$ で，x の変域に0をふくむ場合，$x=0$ のとき，y は最小値0をとる。

6 ‥‥‥‥‥‥
確認 **変化の割合**

変化の割合 $=\dfrac{y \text{の増加量}}{x \text{の増加量}}$

4章／関数

1　関数 $y=ax^2$

1 【2乗に比例する関係】

等しい辺の長さが a cm である直角二等辺三角形の面積を S cm^2 とするとき，次の問いに答えなさい。

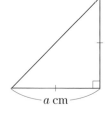

(1) S を a の式で表しなさい。

〔　　　　　〕

(2) S を a の2乗に比例する関数とみるとき，その比例定数を答えなさい。 〔　　　　　〕

ミス注意 (3) a の値が3倍になると，S の値は何倍になりますか。

〔　　　　　〕

2 【2乗に比例する関係】

y は x の2乗に比例し，$x=3$ のとき $y=-36$ です。次の問いに答えなさい。

✓よくでる (1) $x=\dfrac{3}{4}$ のときの y の値を求めなさい。

〔　　　　　〕

(2) $y=-64$ のときの x の値を求めなさい。

〔　　　　　〕

3 【$y=ax^2$ のグラフをかく】

次の関数のグラフを，右の図にかきなさい。

(1) $y=2x^2$

(2) $y=\dfrac{1}{2}x^2$

(3) $y=-\dfrac{1}{2}x^2$

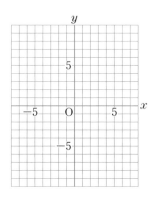

4 【$y=ax^2$ のグラフの特徴】

右の図のア～エの放物線は，下の(1)～(4)の関数のグラフです。対応する放物線を記号で答えなさい。

(1) $y=-2x^2$ 　　　　(2) $y=0.8x^2$

〔　　　　　〕　　　　　〔　　　　　〕

(3) $y=\dfrac{1}{2}x^2$ 　　　　(4) $y=-\dfrac{1}{4}x^2$

〔　　　　　〕　　　　　〔　　　　　〕

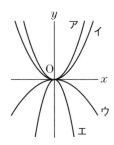

5 【$y＝ax^2$ のグラフが通る点】
次の問いに答えなさい。

✓よくでる (1) 関数 $y＝ax^2$ のグラフが点 $(-3,\ 6)$ を通るとき，a の値を求めなさい。

〔　　　　　　〕

(2) y が x の2乗に比例する関数のグラフが点 $(2,\ -16)$ を通るとき，その式を求めなさい。

〔　　　　　　〕

6 【x の変域と y の変域】
次の問いに答えなさい。

✓よくでる (1) 関数 $y＝2x^2$ について，x の変域が $-1 \leqq x \leqq 2$ のときの y の変域を求めなさい。

〔　　　　　　〕

(2) 関数 $y＝-\dfrac{1}{3}x^2$ について，x の変域が $-6 \leqq x \leqq 3$ のときの y の変域を求めなさい。

〔　　　　　　〕

7 【変化の割合の応用】
次の問いに答えなさい。

(1) 関数 $y＝ax^2$ について，x の値が1から7まで増加するときの変化の割合は $\dfrac{4}{3}$ です。
このとき，a の値を求めなさい。

〔　　　　　　〕

(2) ある坂をボールが転がり始めてから x 秒間に転がる距離を y m とするとき，$y＝3x^2$ の関係がありました。ボールが転がり始めてから，2秒後から5秒後までの平均の速さを求めなさい。

〔　　　　　　〕

入試レベル問題に挑戦

8 【$y＝ax^2$ のグラフと変域】
右の図において，m は関数 $y＝\dfrac{1}{2}x^2$ のグラフを表します。A は m 上の点であり，その x 座標は -4 です。このとき，次の問いに答えなさい。　　　　　　〈大阪府〉

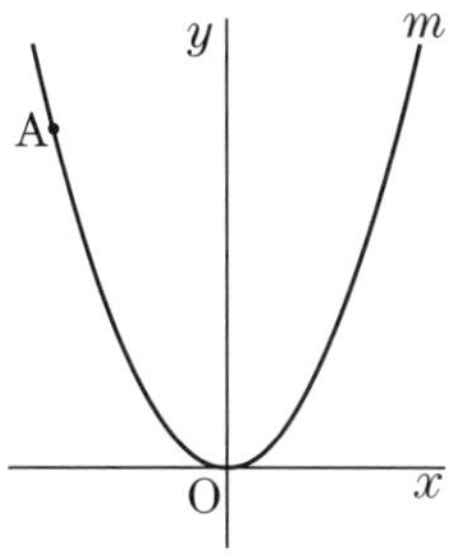

(1) A の y 座標を求めなさい。

〔　　　　　　〕

(2) 次の文中の ア，イ に入れるのに適している数をそれぞれ書きなさい。

関数 $y＝\dfrac{1}{2}x^2$ のグラフについて，x の変域が $-1 \leqq x \leqq 3$ のときの y の変域は ア $\leqq y \leqq$ イ である。

ア〔　　　　　〕 イ〔　　　　　〕

💡 **ヒント**

(2) 関数 $y＝ax^2 (a＞0)$ では，x の変域に0をふくむとき，y の最小値は0になる。

2 いろいろな事象と関数，グラフの応用

リンク
ニューコース参考書
中3数学
p.175 ～ 185

攻略のコツ 複数のグラフが交わる問題は，交点の座標の値を読み取り，式にその値を代入する。

テストに出る！ 重要ポイント

● **関数 $y=ax^2$ の利用**

身のまわりには，関数 $y=ax^2$ で表される事象がある。

- $y=ax^2$ で表せる事象だとわかっている場合（物体の落下など）
  ➡ x，y または a に数をあてはめて解く。
- 条件を式に表すと，$y=ax^2$ となる場合（点や図形の移動など）
  ➡ x の変域で場合分けして，x と y の関係を調べる。

● **いろいろな関数**

式で表せない関数は，x に対応する y の値を求めてグラフに表す。

　例　$x(0≦x≦3)$ の小数点以下を切り捨てた値を y とすると，

　$0≦x<1$ のとき，$y=0$　　$1≦x<2$ のとき，$y=1$

　$2≦x<3$ のとき，$y=2$　　$x=3$ のとき，$y=3$

- ●端の点をふくむ
- ○端の点をふくまない

● **放物線と直線**

❶ 2 つのグラフの交点は，その両方の式を成り立たせる。

　点 P は①，②の式を成り立たせる

❷ 交点の座標から，図形の面積が求められる。

　点 Q，R の座標から，△OQR の面積が求められる

Step 1　基礎力チェック問題

解答 別冊 p.23

1 【点の移動】

右の図のように直交する 2 つの半直線 OX，OY の交点 O から，点 P，Q が同時に出発し，点 P は OY 上を一定の速さで，また，点 Q は OX 上を点 P の $\frac{1}{2}$ の速さで動きます。

点 P が OP＝x cm である位置にきたときの長方形 OQRP の面積を y cm^2 として，次の問いに答えなさい。

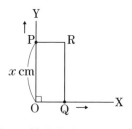

✓(1) y を x の式で表しなさい。〔　　　　　〕

✓(2) (1)で求めた式から，ア～ウにあてはまる数を求めなさい。

x	0	1	2	3	4	5
y	0	ア	2	イ	ウ	$\frac{25}{2}$

ア〔　　　　　〕

イ〔　　　　　〕

ウ〔　　　　　〕

得点アップアドバイス

1

(1) 点 Q は点 P の $\frac{1}{2}$ の速さで動くから，進んだ距離も点 P の $\frac{1}{2}$ になる。

2 【運送料金】
次の表は，ある運送会社で四国から関西に荷物を箱に入れて送る
ときの，箱の縦，横，高さの合計と料金の関係を表したものです。
箱の縦，横，高さの合計 $x\,\mathrm{cm}$ に対する料金を y 円として，下の
問いに答えなさい。

長さの合計 (cm)	60 cm 以内	80 cm 以内	100 cm 以内	120 cm 以内	140 cm 以内
料金 (円)	700 円	900 円	1100 円	1300 円	1500 円

☑(1) 長さの合計が 85 cm，120 cm のときの料金をそれぞれ求めなさい。

　　　　　　　　　　　　　　85 cm 〔　　　　　〕　120 cm 〔　　　　　〕

☑(2) x と y の関係を下のグラフに表します。続きをかきなさい。
　　（•は端の点をふくみ，○は端の点をふくみません。）

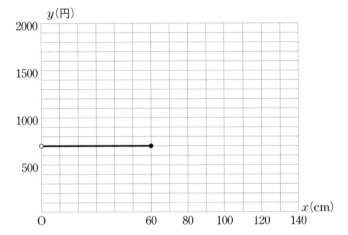

☑(3) $0<x\leqq140$ のとき，y は x の関数であるといえますか。

　　　　　　　　　　　　　　　　　　　　　　　　　　〔　　　　　〕

3 【放物線と直線の交点と三角形の面積】
右の図で，放物線は関数 $y=ax^2$（a は定数）
のグラフで，直線は関数 $y=x+6$ のグラフ
です。点 A，B は，放物線と直線の交点で，
x 座標はそれぞれ -3，6 です。次の問い
に答えなさい。

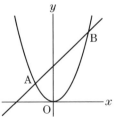

☑(1) 点 A の座標を求めなさい。

　　　　　　　　　　　　　　　　　　　　〔　　　　　〕

☑(2) 点 B の座標を求めなさい。

　　　　　　　　　　　　　　　　　　　　〔　　　　　〕

☑(3) a の値を求めなさい。

　　　　　　　　　　　　　　　　　　　　〔　　　　　〕

☑(4) △OAB の面積を求めなさい。

　　　　　　　　　　　　　　　　　　　　〔　　　　　〕

得点アップアドバイス

2 …………………

確認 **変域を分けて考える。**
・$0<x\leqq60$ のとき，
　$y=700$
・$60<x\leqq80$ のとき，
　$y=900$
　　　　　…

確認 **関数とは**

(3) x の値を決めると，
それに対応して y の値が
1つに決まるとき，y は
x の関数である。

4章／関数

「•」と「○」の使い
方に注意しようね。

2　いろいろな事象と関数，グラフの応用

3
(1)(2) グラフの式に x 座
標の値を代入して，y 座
標を求める。放物線の式
は a の値がまだわかって
いないので，ここでは直
線の式に代入する。

(3) 点 A または B の x
座標の値と y 座標の値を
放物線の式に代入する。

(4) 直線 AB と y 軸との
交点を P とおいて，
△OAB を△OAP と
△OBP に分けて考える。

Step 2 実力完成問題

1 【振り子の長さ】
x 秒間に1往復する振り子の長さを y m とすると，y は x の2乗に比例します。2秒間に1往復する振り子の長さが1mのとき，次の問いに答えなさい。

√よくでる (1)　y を x の式で表しなさい。　　　　　　　　　　　　〔　　　　　　〕

(2)　長さ9mの振り子が1往復するのにかかる時間を求めなさい。　〔　　　　　　〕

2 【自動車の制動距離】
走っている自動車にブレーキをかけるとき，ブレーキがきき始めてから停止するまでに進む距離を制動距離といいます。制動距離 (m) は速さ (km/h) の2乗に比例します。時速 30 km で走っているある自動車の制動距離が 7.2 m のとき，次の問いに答えなさい。

ミス注意 (1)　時速 x km で走っているときの制動距離を y m とするとき，y を x の式で表しなさい。

〔　　　　　　〕

(2)　時速 80 km で走っているときの制動距離は何 m ですか。

〔　　　　　　〕

思考
3 【図形の移動】
右の図のような長方形 ABCD と台形 EFGH があります。4つの頂点 B, C, F, G は直線 ℓ 上にあり，長方形 ABCD は矢印の方向に秒速 1 cm で直線 ℓ に沿って移動します。頂点 C と F が一致してから x 秒後の2つの図形が重なった部分の面積を y cm^2 とするとき，次の問いに答えなさい。

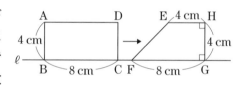

(1)　$x=3$ のときの y の値を求めなさい。

〔　　　　　　〕

(2)　次のそれぞれの場合について，y を x の式で表し，そのグラフをかきなさい。
　①　$0 \leqq x \leqq 4$ のとき　　　　〔　　　　　　〕
　②　$4 \leqq x \leqq 8$ のとき　　　　〔　　　　　　〕

4 【四捨五入した値】
ある数 x の小数第1位を四捨五入して得られる整数を y とします。次の問いに答えなさい。

(1)　$x=2.7$ のときの y の値を求めなさい。

〔　　　　　　〕

(2)　$0 \leqq x \leqq 4$ のとき，x と y の関係をグラフに表しなさい。

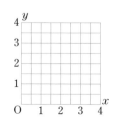

5 【放物線上の点と直線の式】

関数 $y=2x^2$ のグラフ上で，x 座標が次の値である 2 点をそれぞれ P，Q とするとき，直線 PQ の式を求めなさい。

(1) $x=-3$，$x=6$

(2) $x=-2$，$x=4$

〔　　　　　〕　　　　　　　　　　　　　　〔　　　　　〕

6 【放物線と直線の交点と三角形の面積】

右の図で，放物線 ℓ は関数 $y=ax^2$（a は定数）のグラフです。直線①は関数 $y=x$ のグラフで，原点 O と点 A で ℓ と交わっています。直線②は①と平行な直線で，2 点 B，C で ℓ と交わっています。点 A の x 座標は 3 で，点 B の y 座標は点 A の y 座標と等しいです。また，点 B の x 座標は負の数，点 C の x 座標は正の数です。

このとき，次の問いに答えなさい。

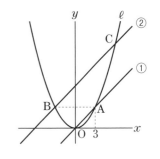

✓よくでる (1) a の値を求めなさい。

〔　　　　　〕

(2) 直線②の式を求めなさい。

〔　　　　　〕

(3) △ABC の面積を求めなさい。

〔　　　　　〕

入試レベル問題に挑戦

7 【放物線と直線の交点】

右の図のように，関数 $y=x^2$ のグラフ上に 2 点 A，B があり，それぞれの x 座標は 1，3 です。また，関数 $y=\dfrac{1}{3}x^2$ のグラフ上に点 C があり，x 座標は負です。このとき，次の問いに答えなさい。　　　　　〈富山県〉

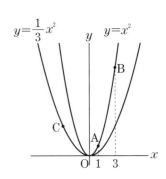

(1) 関数 $y=x^2$ について，x の変域が $-1 \leqq x \leqq 3$ のときの y の変域を求めなさい。

〔　　　・　　　〕

(2) 直線 AB の式を求めなさい。

〔　　　　　〕

(3) 線分 AB を，点 A を点 C に移すように，平行移動した線分を線分 CD とするとき，点 D の x 座標は -1 でした。このとき，点 D の y 座標を求めなさい。

〔　　　　　〕

💡 **ヒント**

(3) まず，点 A と点 B の x 座標の差と，点 C と点 D の x 座標の差が等しいことから，点 C の x 座標を求める。

定期テスト予想問題 ①

時間 ▶ 50分
解答 ▶ 別冊 p.25

得点

／100

1 次のア～カの関数の中で，(1)～(4)のそれぞれにあてはまるものをすべて選び，記号で答えなさい。

【4点×4】

ア $y=x^2$

イ $y=\dfrac{1}{2}x$

ウ $y=-5x$

エ $y=\dfrac{6}{x}$

オ $y=x+3$

カ $y=-2x^2$

(1) グラフが原点を通る。

(2) $x<0$ の範囲では，x の値が増加すると y の値が減少する。

(3) x の値が正のとき y の値も正，x の値が負のとき y の値も負になる。

(4) 変化の割合が一定である。

(1)		(2)		(3)		(4)	

2 y は x の2乗に比例し，$x=-4$ のとき $y=4$ です。
次の問いに答えなさい。

【4点×4】

(1) y を x の式で表しなさい。

(2) $x=6$ のときの y の値を求めなさい。

(3) $y=\dfrac{1}{16}$ のときの x の値を求めなさい。

(4) この関数のグラフを，右の図にかきなさい。

(4)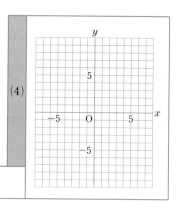

(1)		(2)		(3)	

3 右の図は，関数 $y=ax^2$ （a は定数）のグラフです。
次の問いに答えなさい。

【5点×5】

(1) a の値を求めなさい。

(2) x の値が -5 から -1 まで増加するときの変化の割合を求めなさい。

(3) x の変域が $-2\leqq x\leqq1$ のとき，y の変域を求めなさい。

(4) x の変域が $b\leqq x\leqq3$ のとき，y の変域は $-32\leqq y\leqq c$ です。
b，c の値を求めなさい。

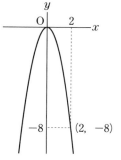

(1)		(2)		(3)		(4) b		c	

4 あるなめらかな斜面で球を転がしたとき，転がった距離<ruby>距離<rt>きょり</rt></ruby> y m は，転がり始めてからの時間 x 秒の2乗に比例し，グラフは右の図のようになりました。次の問いに答えなさい。【5点×3】

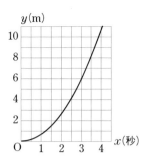

(1) y を x の式で表しなさい。

(2) 転がり始めて2秒後から4秒後までの平均の速さを求めなさい。

(3) A さんは，球が転がり始めるのと同時に，同地点から一定の速さで斜面をおりたところ，おり始めてから3秒後に，球が A さんに追いつきました。A さんの速さを求めなさい。

(1)		(2)		(3)	

5 1辺が4 cm の正方形 ABCD があります。点 P は頂点 A を出発して辺 AB，BC 上を C まで動きます。点 Q は A を出発して辺 AD 上を動き，D に着いたら再び A までもどります。点 P，Q の動く速さはともに秒速1 cm で，途中で止まらないものとします。2点が同時に A を出発してから x 秒後の△APQ の面積を y cm² とするとき，次の問いに答えなさい。【4点×4】

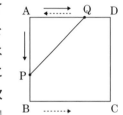

(1) 点 P が辺 AB 上にあるとき，y を x の式で表しなさい。また，x の変域を求めなさい。

(2) 点 P が辺 BC 上にあるとき，y を x の式で表しなさい。また，x の変域を求めなさい。

(1)	式		変域
(2)	式		変域

6 右の図は，2つの関数
$y＝ax＋6$（a は定数）…①
$y＝bx^2$（b は定数）　…②
のグラフを表したものであり，点 P は①と②の交点，点 Q は①と y 軸との交点です。次の問いに答えなさい。ただし，点 P の x 座標は正の数とします。【6点×2】

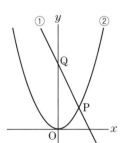

(1) $b＝\dfrac{1}{2}$ で，点 P の x 座標が2のとき，a の値を求めなさい。

(2) $a＝-1$ で，△OPQ の面積が9のとき，b の値を求めなさい。

(1)		(2)	

定期テスト予想問題 ②

1 次の問いに答えなさい。 【5点×4】

(1) 関数 $y=ax^2$ (a は定数)のグラフが点 $(2, 12)$ を通るとき，a の値を求めなさい。

(2) 関数 $y=x^2$ で，x の変域が $-2 \leqq x \leqq 1$ のとき，y の変域を求めなさい。

(3) 関数 $y=3x^2$ について，x の値が -5 から -2 まで増加するときの変化の割合を求めなさい。

(4) 関数 $y=ax^2$ (a は定数)で，x の値が 2 から 6 まで増加するときの変化の割合は 16 です。この関数の式を求めなさい。

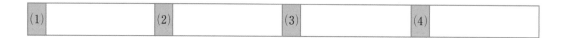

2 右の図のように，関数 $y=\dfrac{1}{2}x^2 \cdots$① と関数 $y=2x \cdots$② のグラフがあり，原点と，x 座標が 4 である点 **P** とで交わっています。

(1)～(3)のそれぞれの場合の変化の割合の大小を，次のア～ウから選び，記号で答えなさい。ただし，ア～ウの①，②はそれぞれ①，②の変化の割合を表すものとします。 【5点×3】

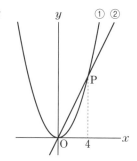

ア ①>②　　　イ ①=②　　　ウ ①<②

(1) x が 0 から 3 まで増加する場合

(2) x が 0 から 4 まで増加する場合

(3) x が 0 から 5 まで増加する場合

3 高いところからボールを落とすとき，x 秒後までに落ちる距離を y m とすると，y は x の2乗に比例します。今，ボールが落ち始めてから3秒後までに落ちた距離は 45 m でした。このとき，次の問いに答えなさい。 【5点×3】

(1) y を x の式で表しなさい。

(2) ボールが落ち始めて1秒後から3秒後までの平均の速さを求めなさい。

(3) 80 m の高さからボールを落とすとき，地面に落ちるまでに何秒かかりますか。

4 ある駐車場の利用料金は，はじめの60分までが250円で，その後15分ごとに50円ずつ加算されます。右の表は，駐車時間 x 分と料金 y 円の関係をまとめたものの一部です。次の問いに答えなさい。 【5点×3】

駐車時間 x(分)	料金 y(円)
$0 < x \leq 60$	250
$60 < x \leq 75$	300
$75 < x \leq 90$	350
$90 < x \leq 105$	400
$105 < x \leq 120$	450

(1) x の変域を $0 < x \leq 120$ として，x と y の関係をグラフに表しなさい。

(2) 130分駐車したときの料金は何円ですか。

(3) 750円で最大何分駐車できますか。

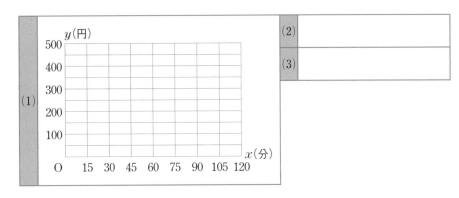

(1)

(2)	
(3)	

5 右の図のように，関数 $y = x^2 \cdots$① と関数 $y = -\dfrac{1}{4}x^2 \cdots$② のグラフがあります。①のグラフ上の点 A の x 座標は正の数で，A を通り x 軸に平行な直線が①と交わるもう一方の点を B とします。また，②のグラフ上に2点 C，D をとり，長方形 ABCD をつくります。このとき，次の問いに答えなさい。 【7点×2】

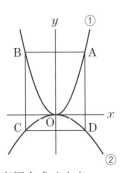

(1) 点 A の x 座標が2のとき，AB と AD の長さの比を最も簡単な整数の比で表しなさい。

(2) 長方形 ABCD が正方形になるように点 A をとるとき，A の x 座標を求めなさい。

(1)		(2)	

6 自動車について，ブレーキがきき始めてから停止するまでに進む距離を制動距離といいます。自動車の速さが時速 x km のときの制動距離を y m とすると，y は x の2乗に比例し，A さんのお父さんの自動車が時速 60 km で走っているときの制動距離は 20 m です。このとき，次の問いに答えなさい。 【7点×3】

(1) y を x の式で表しなさい。

(2) 自動車の速さが時速 40 km のとき，制動距離は何 m ですか。

(3) A さんのお父さんがブレーキをかけようと思ってから，ブレーキをかけるまでに 0.5 秒かかります。制動距離が 45 m になる速さで走っているとき，ブレーキをかけようと思ってから，自動車が停止するまで，自動車は何 m 進みますか。

(1)		(2)		(3)	

リンク
ニューコース参考書
中3数学
p.194〜201

1 相似な図形

攻略のコツ 相似な図形の対応する辺の長さの比は，相似比に等しい。

テストに出る! 重要ポイント

● 相似（そうじ）な図形の性質

右の図で，△ABC∽△DEF のとき，

❶ 対応する線分の長さの比は，すべて等しい。

AB：DE＝BC：EF＝CA：FD

対応する線分の長さの比を**相似比**という。

❷ 対応する角の大きさは，それぞれ等しい。

∠A＝∠D，∠B＝∠E，∠C＝∠F

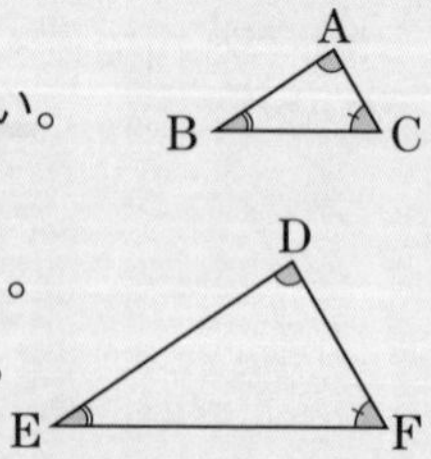

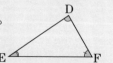

● 三角形の相似条件

❶ 3組の辺の比がすべて等しい。

$a：a'＝b：b'＝c：c'$

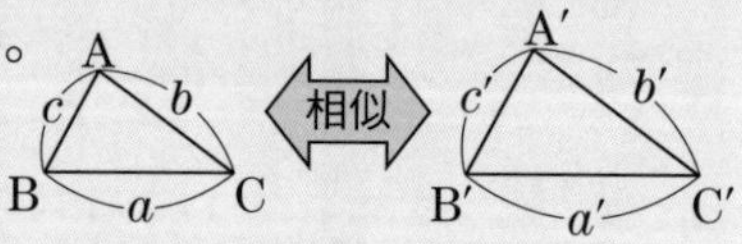

❷ 2組の辺の比とその間の角がそれぞれ等しい。

$a：a'＝c：c'$，∠B＝∠B'

❸ 2組の角がそれぞれ等しい。

∠B＝∠B'，∠C＝∠C'

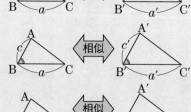

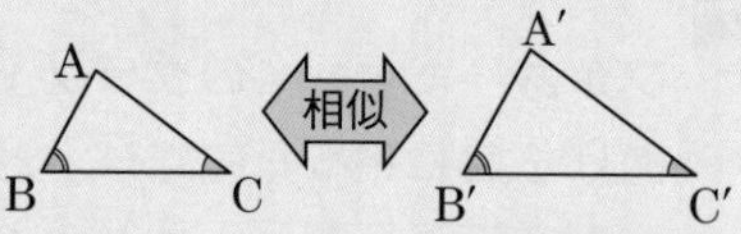

Step 1 基礎力チェック問題

解答 別冊 p.28

1 【相似な図形の対応】

右の図で，四角形 **ABCD**∽四角形 **FGHE** です。次の問いに答えなさい。

☑(1) 対応する角をすべて答えなさい。

〔　　　　　　　　　　　〕

☑(2) 対応する辺をすべて答えなさい。

〔　　　　　　　　　　　〕

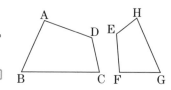

2 【相似比と辺の長さ】

右の図で，△**ABC**∽△**DEF** です。次の問いに答えなさい。

☑(1) 2つの三角形の相似比を求めなさい。

〔　　　　　　　〕

☑(2) 辺 BC の長さを求めなさい。〔　　　　　　　〕

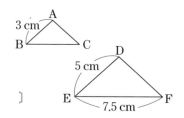

得点アップアドバイス

1

記号∽を使って表すときは，対応する頂点の順に書く。

(2) 対応する頂点をもとに探す。

2

テストで注意 相似比の表し方

(1) 相似比はできるだけ簡単な整数の比で表す。

(2) 辺 BC に対応する辺は辺 EF。

3 【相似な三角形】
次の図から, 相似な三角形の組を選び, 記号∽を使って表しなさい。
また, そのときの相似条件を答えなさい。

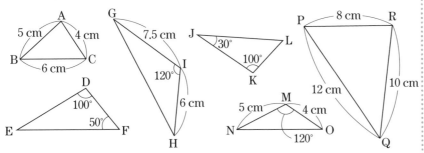

三角形の組　　　　　　　相似条件

☑ 〔　　　　　　　　〕　〔　　　　　　　　　　　〕

☑ 〔　　　　　　　　〕　〔　　　　　　　　　　　〕

☑ 〔　　　　　　　　〕　〔　　　　　　　　　　　〕

4 【三角形の相似】
次の図Ⅰ, 図Ⅱ について, 下の問いに答えなさい。

図Ⅰ

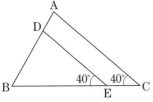

図Ⅱ

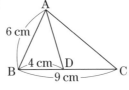

☑ (1) 図Ⅰで, 相似な三角形を記号∽を使って表しなさい。

〔　　　　　　　　　　　　　　〕

☑ (2) (1)について, その相似条件を答えなさい。

〔　　　　　　　　　　　　　　〕

☑ (3) 図Ⅱで, 相似な三角形を記号∽を使って表しなさい。

〔　　　　　　　　　　　　　　〕

☑ (4) (3)について, その相似条件を答えなさい。

〔　　　　　　　　　　　　　　〕

☑ **5** 【三角形の相似の証明】
右の図で, ∠C＝∠ADE です。
△ABC∽△AED の証明を完成させな
さい。

〔証明〕　△ABC と△AED で,
　　∠A は共通…①
　　仮定より, ∠〔　　　　　〕＝∠ADE…②
　　①, ②より, 〔　　　　　　　〕がそれぞれ等しいから,
　　　△ABC∽△AED

3
　2つの角の大きさがわかっているときは, 残りの角の大きさも求めるとよい。

向きがちがっていても, 相似条件にあてはまれば相似になるので注意。

4
(1)(2)　∠B が共通で, 40°の角が等しいことから, 相似条件を見つける。

(4)　AB：DB＝6：4
　　　　＝3：2
　　BC：BA＝9：6
　　　　＝3：2

5
テストで注意　図の見方
　共通な角は等しいことを使う。等しいところを図にかいて考えるとよい。

1 【相似な二等辺三角形】
右の図の△ABC は，∠A＝38°，AB＝AC の二等辺三角形です。
辺 AB 上に BC＝DC となる点 D をとるとき，次の問いに答えな
さい。

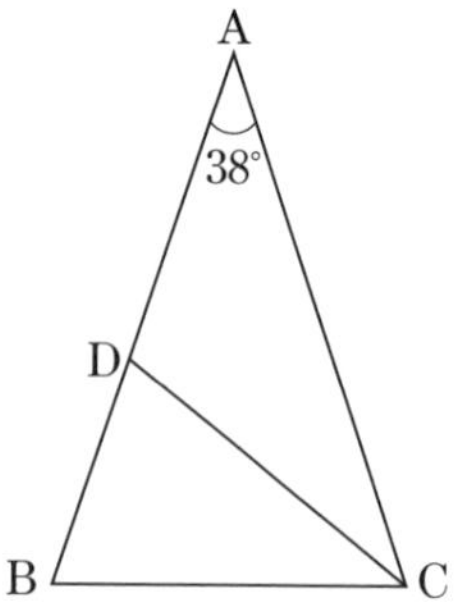

(1) ∠ACD の大きさを求めなさい。　　　〔　　　　　〕

☑よくでる (2) 相似な三角形を記号∽を使って表しなさい。

〔　　　　　　　　　〕

(3) AB＝4，BC＝a とするとき，BD の長さを，a を用いて表し
なさい。

〔　　　　　　　　　〕

2 【三角形の相似と線分の比】
右の図の四角形 ABCD は正方形で，点 M，N はそれぞれ
辺 CD，DA の中点です。また，点 E は BM と CN との交
点です。このとき，次の問いに答えなさい。

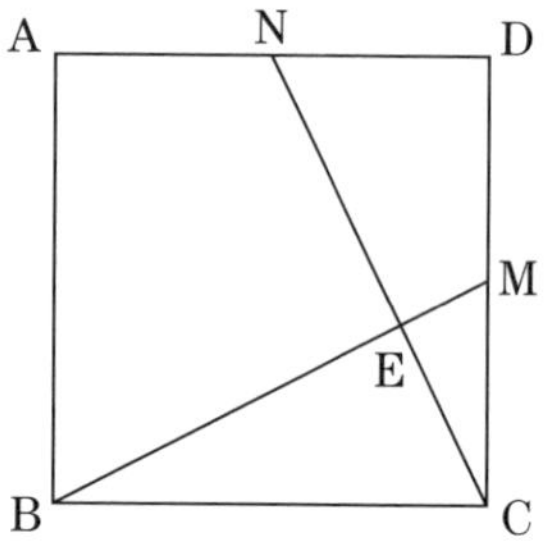

(1) △BCE と相似な三角形をすべて書きなさい。

〔　　　　　　　　〕

(2) BE：ME を最も簡単な整数の比で求めなさい。

〔　　　　　　　　〕

3 【直角三角形の相似】
右の図で，△ABC は∠A＝90°の直角三角形です。
頂点 A から斜辺 BC へ垂線 AD をひくとき，
次の問いに答えなさい。

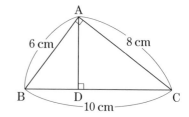

☑よくでる (1) △ABC∽△DBA です。相似比を求めなさい。

〔　　　　　　　〕

(2) △ABC∽△DAC です。相似比を求めなさい。

〔　　　　　　　　〕

ミス注意 (3) BD，AD の長さをそれぞれ求めなさい。

BD〔　　　　　〕　　AD〔　　　　　〕

4 【平行四辺形を使った相似】

右の図で，四角形 **ABCD** は平行四辺形です。
辺 **AD** 上に **AB＝AF** となるように点 **F** をとるとき，次の問い
に答えなさい。

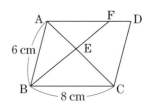

(1) △AEF と相似な三角形を答えなさい。

〔　　　　　　　　　　〕

(2) (1)について，その相似条件を答えなさい。

〔　　　　　　　　　　　　　　　　　　　　〕

(3) (1)について，△AEF とその三角形の相似比を求めなさい。

〔　　　　　　　　　　〕

5 【直角三角形の相似の証明】

二等辺三角形 **ABC** の底辺 **BC** 上の点 **P** から，辺 **AB**, **AC** に
垂線 **PD**, **PE** をひくとき，△BPD∽△CPE であることを証
明しなさい。

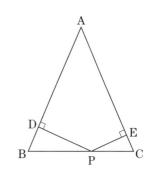

6 【相似な図形の性質を使った相似の証明】

右の図で，△ABC∽△ADE であるとき，△ABD∽△ACE
であることを証明しなさい。

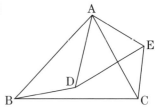

入試レベル問題に挑戦

7 【三角形と相似】

AB＝4, **BC＝5**, **CA＝3** の直角三角形 **ABC** があります。
右の図は，△ABC を点 **A** が辺 **BC** 上の点に重なるように折っ
て，もとに戻した図です。そのとき，点 **A** が重なった辺
BC 上の点を **P** とし，折り目を線分 **QR** とします。ただし，
点 **Q** は辺 **AB** 上，点 **R** は辺 **AC** 上の点です。∠ARP＝90°
であるとき，線分 **CR** の長さを求めなさい。

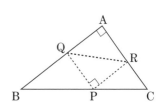

〈東京学芸大附属高・改〉

〔　　　　　　　　　　〕

💡 **ヒント**

CR＝x とおき，線分 CR をふくむ三角形と相似な三角形を見つける。

2 平行線と線分の比

攻略のコツ 図の中に平行線があるときは，線分の比を考える。

リンク
ニューコース参考書
中3数学
p.202 ～ 212

テストに出る！ **重要ポイント**

● 三角形と比の定理

右の図で，DE∥BC ならば，

$$\begin{cases} AD : AB = AE : AC = DE : BC \\ AD : DB = AE : EC \end{cases}$$

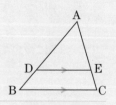

● 平行線と線分の比の定理

右の図で，平行な 3 つの直線 ℓ, m, n に
2 つの直線が交わるとき，

$$AB : BC = A'B' : B'C'$$

● 中点連結定理

右の図で，
AM＝MB，AN＝NC ならば，

$$MN \parallel BC, \quad MN = \frac{1}{2}BC$$

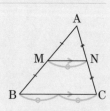

Step 1 基礎力チェック問題

解答▶ 別冊 p.29

1 【線分の比】
次の図で，x の値を求めなさい。

☑(1) DE∥BC

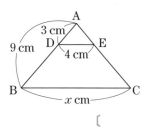

〔　　　　　〕

☑(2) DE∥BC

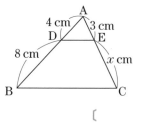

〔　　　　　〕

☑(3) 直線 a, b, c は平行

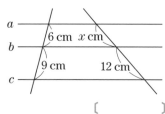

〔　　　　　〕

☑(4) 直線 ℓ, m, n は平行

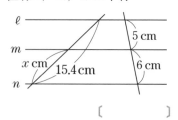

〔　　　　　〕

得点アップアドバイス

1

(1) AD : AB＝DE : BC
にあてはめる。

テストで **注意** 線分の比

(2) AD : DB＝AE : AC
や，AD : AB＝AE : EC
としないようにする。

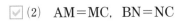
2 【中点連結定理】
次の図で, x, y の値をそれぞれ求めなさい。

☑ (1) AM＝MB, AN＝NC

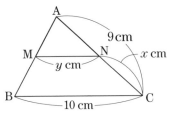

☑ (2) AM＝MC, BN＝NC

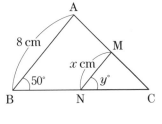

〔 $x=$, $y=$ 〕 〔 $x=$, $y=$ 〕

3 【三角形と比の定理, 中点連結定理】
右の図で, 四角形 ABCD は AD∥BC である台形で, 辺 AB の中点を E とします。
点 E から AD に平行にひいた直線と AC, DC との交点をそれぞれ G, F とするとき, 次の問いに答えなさい。

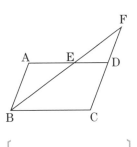

☑ (1) AG:GC を最も簡単な整数の比で求めなさい。

〔 〕

☑ (2) EG の長さを求めなさい。

〔 〕

☑ (3) EF の長さを求めなさい。

〔 〕

4 【三角形と比の定理の利用】
右の図で, 四角形 ABCD は平行四辺形です。辺 AD 上に AE：ED＝4：3 となるように点 E をとり, BE の延長と CD の延長との交点を F とするとき, 次の問いに答えなさい。

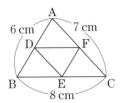

☑ (1) FD:DC を最も簡単な整数の比で求めなさい。

〔 〕

☑ (2) DC＝6 cm のとき, FD の長さを求めなさい。

〔 〕

5 【中点連結定理の利用】
右の図の△ABC で, 点 D, E, F はそれぞれ辺 AB, BC, CA の中点です。
△DEF の周の長さを求めなさい。

〔 〕

1 【平行線と線分の比】
次の図で，*x*，*y* の値をそれぞれ求めなさい。

✓よくでる (1) DE∥BC

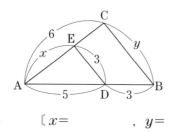

(2) 直線 ℓ，*m*，*n* は平行

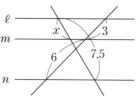

〔*x*＝　　　　，*y*＝　　　　〕　　　　〔*x*＝　　　　〕

2 【台形と線分】
右の図で，AD，EF，BC が平行であるとき，次の問いに答えなさい。

ミス注意 (1) BC の長さを求めなさい。

〔　　　　　〕

(2) GF の長さを求めなさい。

〔　　　　　〕

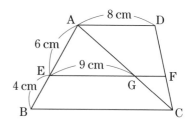

3 【三角形と線分】
右の図で，△ABC の辺 AC を3等分する点をそれぞれ D，E，辺 BC の中点を F とします。DB と AF との交点を G とするとき，次の問いに答えなさい。

(1) DB の長さを求めなさい。

〔　　　　　〕

(2) GB の長さは EF の長さの何倍ですか。

〔　　　　　〕

(3) △ABC と△EFC の面積比を求めなさい。

〔　　　　　〕

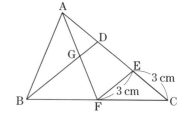

4 【三角形と線分の比】
右の図で，AB，EF，CD が平行で，AB＝9 cm，EF＝6 cm です。
このとき，CD の長さを求めなさい。

〔　　　　　〕

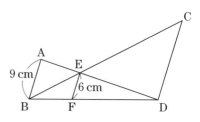

5 【角の二等分線と線分の比】

右の図の△ABC で，AD は∠BAC の二等分線です。また，点 E は辺 BA の延長と，点 C を通り AD に平行な直線との交点です。
AB＝10 cm，AC＝8 cm，CD＝4 cm であるとき，BD の長さを求めなさい。

〔　　　　　〕

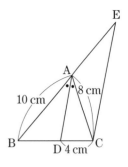

6 【台形の対角線の中点を結ぶ長さ】

右の図で，四角形 ABCD は AD∥BC，AD＜BC の台形です。対角線 BD，AC の中点を P，Q とするとき，PQ の長さを BC，AD を使った式で表しなさい。

〔　　　　　　　　　〕

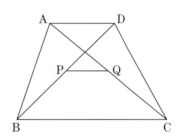

7 【二等辺三角形の証明】

右の図の四角形 ABCD において，AB＝CD，点 M，N，P はそれぞれ AD，BC，BD の中点であるとき，△PMN は二等辺三角形であることを証明しなさい。

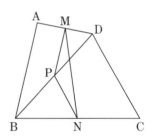

入試レベル問題に挑戦

8 【平行線と線分の比の利用】

右の図の長方形 ABCD において，AB＝20 cm，BC＝30 cm です。辺 AD，BC の中点をそれぞれ E，F とします。対角線 AC と線分 BE，DF の交点をそれぞれ M，N，線分 DF，CE の交点を G とします。このとき，四角形 EMNG の面積を求めなさい。

〈駿台甲府高〉

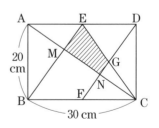

〔　　　　　　　　　〕

💡 ヒント

三角形と比の定理を使って CN：CM を求める。四角形 EMNG の面積が△BCE の面積の何倍になるか考える。

3 相似な図形の計量と応用

リンク
ニューコース参考書
中3数学
p.213～219

攻略のコツ 相似な図形の面積比と体積比は，相似比をもとに考える。

テストに出る！ **重要ポイント**

● **相似な図形の
面積比と体積比**

❶ 相似な図形で，
相似比が $m:n$ ならば，
面積比は $m^2:n^2$

例 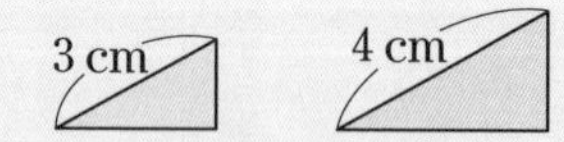
3 cm 4 cm
相似比 $3:4$，面積比 $3^2:4^2=9:16$

❷ 相似な立体で，
相似比が $m:n$ ならば，
体積比は $m^3:n^3$

例 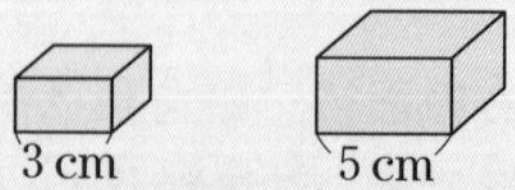
3 cm 5 cm
相似比 $3:5$，体積比 $3^3:5^3=27:125$

● **縮図の利用**

縮図をかいて，直接はかれ
ない長さを求めるときは，
縮尺を $\dfrac{1}{1000}$ や $\dfrac{1}{10000}$ など
にするとよい。

例 $\dfrac{1}{1000}$ の縮図

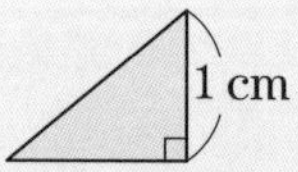

1 cm ➡ 実際の長さは，
$1\times1000=1000\,(\text{cm})$
$1000\,\text{cm}=10\,\text{m}$

Step 1 基礎力チェック問題

解答 別冊 p.31

1 【周の長さの比と面積比】
右の図は，△ABC∽△DEF で，相似
比は 1:2 です。次の問いに答えなさい。

☑(1) EF の長さを求めなさい。

〔   〕

☑(2) 2 つの図形の周の長さの比を求めなさい。

〔   〕

☑(3) 2 つの図形の面積比を求めなさい。

〔   〕

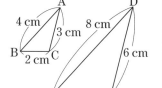
A
4 cm
3 cm
B 2 cm C
D
8 cm
6 cm
E   F

2 【表面積の比と体積比】
右の図で，2 つの直方体 A，B は
相似です。次の A と B の比を求め
なさい。

☑(1) 相似比   〔   〕

☑(2) 表面積の比 〔   〕

☑(3) 体積比   〔   〕

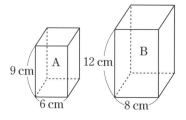
9 cm A 12 cm B
6 cm   8 cm

得点アップアドバイス

1

(1) 対応する辺の比は，
相似比に等しいので，
2：EF＝1：2

(2) 相似な図形の周の長
さの比は，相似比に等し
い。

(3) 相似比の 2 乗が面積
比になる。

2

確認 **相似な立体**

相似な立体の相似比は，
対応する線分の長さの比
に等しい。

(2)(3) 表面積の比は相似
比の **2 乗**，体積比は相似
比の **3 乗**。

3 【図形の相似と面積比】

右の図で，△ABC∽△DBA です。

AB＝10 cm, BD＝8 cm のとき，次の比を求めなさい。

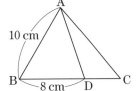

10 cm

8 cm

☑ (1) 相似比

〔　　　　　　〕

☑ (2) 面積比

〔　　　　　　〕

得点アップアドバイス

3
復習 対応する辺
辺 AB →辺 DB
辺 BC →辺 BA
辺 CA →辺 AD

4 【円柱の表面積と体積】

右の図で，2つの円柱 P，Q は相似です。次の問いに答えなさい。

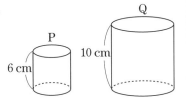

Q

P

10 cm

6 cm

☑ (1) P の表面積が 54π cm² のときの Q の表面積を求めなさい。

〔　　　　　　〕

☑ (2) Q の体積が 250π cm³ のときの P の体積を求めなさい。

〔　　　　　　〕

4
2つの円柱 P，Q の相似比は，3：5なので，
● 表面積の比は 3²：5²
● 体積比は 3³：5³

5 【直接はかれない高さ】

右の図のように，高さ 1 m の棒 AB の影 BC の長さが 80 cm のとき，木の影 EF の長さは 4 m でした。この木の高さ DE を求めなさい。

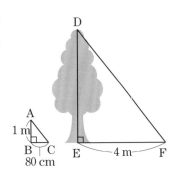

D

A

1 m

B C

80 cm

E

4 m

F

〔　　　　　　〕

5
太陽の光は平行であると考えて，∠C＝∠F
△ABC∽△DEF から考える。

6 【直接はかれない2地点間の距離】

池の幅を調べるために，△ABC の縮図△A′B′C′ を，下のようにかきました。この縮図を利用して，A，B 間の距離を求めなさい。

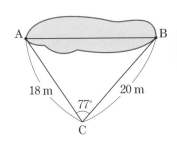

A

B

18 m

20 m

77°

C

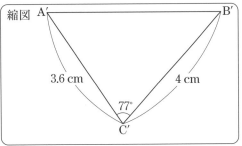

縮図 A′

B′

3.6 cm

4 cm

77°

C′

〔　　　　　　〕

6
まず，縮図の縮尺を考える。

縮図のA′B′の長さを何倍すればよいかに注意しよう。

5章／相似な図形

3　相似な図形の計量と応用

Step 2 実力完成問題

解答 別冊 p.32

1 【三角形の面積比】

右の図で，四角形 ABCD は AD∥BC の台形です。対角線の交点を O とするとき，次の問いに答えなさい。

(1) AO：CO を最も簡単な整数の比で求めなさい。

〔　　　　　　　〕

(2) △AOD と△COB の面積比を求めなさい。

〔　　　　　　　〕

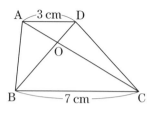

2 【円錐（えんすい）の表面積の比と体積比】

右の図のような，高さが AB の円錐 P があります。AB の中点 C を通り，底面に平行な平面で切り取った円錐を Q とします。このとき，次の P と Q の比を求めなさい。

(1) 高さの比

〔　　　　　　　〕

(2) 表面積の比

〔　　　　　　　〕

✓よくでる (3) 体積比

〔　　　　　　　〕

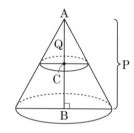

3 【円の相似】

右の 2 つの円 O，O′ で，周の長さの比と面積比を求めなさい。

ミス注意 周の長さの比〔　　　　　　　〕

面積比〔　　　　　　　〕

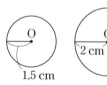

4 【面積比と体積比】

次の問いに答えなさい。

✓よくでる (1) 2 つの相似な図形で，相似比が 5：2 のとき，面積比を求めなさい。

〔　　　　　　　〕

(2) 2 つの相似な立体で，相似比が 2：3 のとき，体積比を求めなさい。

〔　　　　　　　〕

(3) 2 つの相似な立体 A，B において，相似比が 1：4 で，A の表面積が 12 cm^2 のとき，B の表面積を求めなさい。

〔　　　　　　　〕

5 【平行四辺形を使った相似と面積比】
右の図で，四角形 ABCD は平行四辺形です。対角線の交点を O とし，BC の中点を M とします。また，M と D を結ぶ線分と AC との交点を E とし，OF∥BC となる点 F を DM 上にとります。このとき，△OEF と△CEM の面積比を求めなさい。

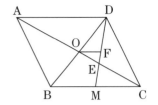

〔　　　　　　　　　〕

6 【三角錐の体積】
右の図のように，三角錐 P を底面に平行な平面で切り，三角錐 Q と，三角錐 P から Q を切り取った R に分けます。

Q の高さが P の $\frac{1}{3}$ になるとき，次の問いに答えなさい。

(1)　P と Q の体積比を求めなさい。

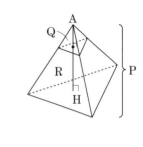

〔　　　　　　　　　〕

(2)　P の体積が $108\ \mathrm{cm}^3$ のとき，R の体積を求めなさい。

〔　　　　　　　　　〕

思考

7 【直接測れない高さ】
家の窓から木を見たところ，右の図のような角の大きさがわかりました。家から木までの距離が 12 m のとき，$\frac{1}{300}$ の縮図をかいて，木の高さを求めなさい。

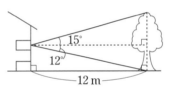

〔　　　　　　　　　〕

入試レベル問題に挑戦

8 【円錐の体積比】
右の図のように，円錐を底面に平行な平面で，高さが 3 等分となるように 3 つの立体に分けます。まん中の立体の体積が $28\pi\ \mathrm{cm}^3$ であるとき，いちばん下の立体の体積を求めなさい。

〈土浦日本大学高〉

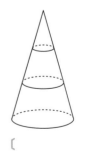

〔　　　　　　　　　〕

💡 **ヒント**

高さが 3 等分となるように 3 つの立体に分けるので，高さが 1 の円錐，高さが 2 の円錐，高さが 3 の円錐（もとの円錐）の 3 つの相似な円錐について体積比を考える。

定期テスト予想問題 ①

1 右の図で，△ABC と△DEF は相似です。
次の問いに答えなさい。 【4点×4】

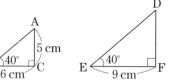

(1) 2つの三角形の関係を，記号∽を使って表しなさい。

(2) (1)について，相似条件を答えなさい。

(3) 2つの三角形の相似比を求めなさい。

(4) 辺 DF の長さを求めなさい。

(1)		(2)	
(3)		(4)	

2 次の図で，x の値を求めなさい。 【5点×3】

(1) DE∥BC

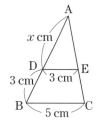

(2) AD, EF, BC は平行

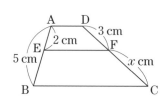

(3) AB, EF, CD は平行

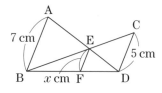

(1)		(2)		(3)	

3 次の図で，直線 ℓ, m, n は平行です。x の値を求めなさい。 【5点×3】

(1)

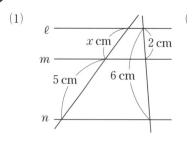

(2)

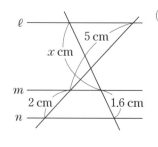

(3)

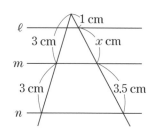

(1)		(2)		(3)	

4 右の図で，点 D，E，F はそれぞれ辺 BC，AC，AB 上の点です。次の問いに答えなさい。 【5点×2】

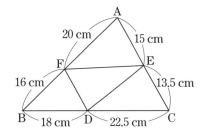

(1) 線分 DE，EF，FD のうち，△ABC の辺と平行なのはどの線分ですか。

(2) (1)の線分の長さを求めなさい。

(1)		(2)	

5 右の図のように，平行四辺形 ABCD の辺 CD を 2：3 に分ける点を E とし，直線 AE が対角線 BD と交わる点を F，辺 BC の延長と交わる点を G とします。次の問いに答えなさい。 【(1) 12点，(2)(3) 6点×2】

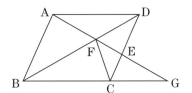

(1) △AED∽△GEC であることを証明しなさい。

(2) AD：CG を最も簡単な整数の比で表しなさい。

(3) BF：FD を最も簡単な整数の比で表しなさい。

(1)		(2)	
		(3)	

6 右の図で，線分 DE，FG は辺 BC に平行です。次の問いに答えなさい。 【5点×4】

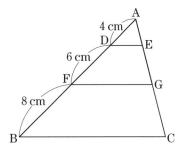

(1) △ADE と△AFG は相似です。相似比を求めなさい。

(2) △ADE と△AFG の面積比を求めなさい。

(3) △AFG と△ABC の面積比を求めなさい。

(4) △ABC の面積が 180 cm² のとき，四角形 FBCG の面積を求めなさい。

(1)		(2)	
(3)		(4)	

定期テスト予想問題 ②

時間 ▶ 50分
解答 ▶ 別冊 p.34

得点

/100

1 次のそれぞれの図において，相似な三角形を記号∽を使って表しなさい。
また，そのときに使った相似条件を答えなさい。

【5点×6】

(1)

(2)

(3)

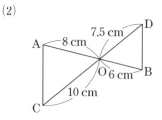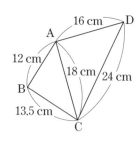

	相似な三角形		相似な三角形		相似な三角形
(1)	相似条件	(2)	相似条件	(3)	相似条件

2 右の図で，△ABD∽△ACE です。次の問いに答えなさい。

【5点×2】

(1) 2つの三角形の相似比を求めなさい。

(2) EB の長さを求めなさい。

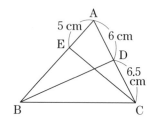

(1)		(2)	

3 次の図で，x の値を求めなさい。

【5点×3】

(1) AB∥CD

(2) 直線 ℓ，m，n は平行

(3) AM＝MB，AN＝NC

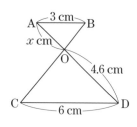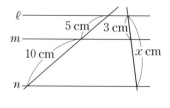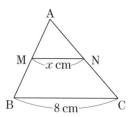

(1)		(2)		(3)	

4 右の図のように，長さ 2 m の棒 AB の影 BC の長さが 1.2 m のとき，街灯 DE の影 EF の長さは 4.2 m でした。この街灯 DE の高さを求めなさい。　【6点】

5 右の図の△ABC で，AB＝24 cm，AC＝18 cm，M は辺 AB の中点です。点 P が A を出発して秒速 1 cm で辺 AC 上を C まで動くとき，次の問いに答えなさい。　【6点×2】

(1) 頂点が対応順になるように書き表して，△AMP∽△ABC となるのは，出発してから何秒後ですか。

(2) 頂点が対応順になるように書き表して，△APM∽△ABC となるのは，出発してから何秒後ですか。

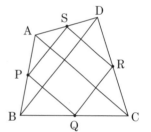

(1)		(2)	

6 右の図の四角形 ABCD の 4 辺 AB，BC，CD，DA の中点をそれぞれ P，Q，R，S とします。対角線 AC と BD について，AC＝BD であるとき，四角形 PQRS がひし形であることを証明しなさい。　【9点】

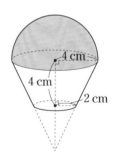

7 右の図のような，底面の円の半径が 4 cm の円錐（えんすい）から，底面の円の半径が 2 cm の円錐を切り取った形をしたカップがあります。このカップの中にアイスクリームをすきまなく入れ，さらにその上にアイスクリームを半球の形になるようにのせます。このとき，次の問いに答えなさい。ただし，円周率は π とします。　【9点×2】

(1) アイスクリームの体積を求めなさい。

(2) 右の図のアイスクリームを M サイズとして 200 円で販売することにしました。また，右の図のカップと相似比が 2：3 となるような大きいカップを用意し，同じようにアイスクリームを入れて L サイズとして販売します。1 cm³ あたりの値段が L サイズのほうが割安になるような，最も高い値段は何円ですか。ただし，値段は 10 円単位とします。

1 円周角の定理

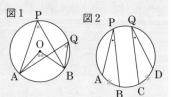

攻略のコツ 1つの弧に対する円周角の大きさは，その弧に対する中心角の大きさの半分。

リンク
ニューコース参考書
中3数学
p.228～236

テストに出る！ **重要ポイント**

● **円周角の定理**

右の図1で， ・$\angle APB = \dfrac{1}{2}\angle AOB$

・$\angle APB = \angle AQB$

● **円周角と弧**

右の図2で，

$\overset{\frown}{AB} = \overset{\frown}{CD} \iff \angle APB = \angle CQD$

● **円周角の定理の逆**

右の図で，$\angle APB = \angle AQB$ ならば，4点 A，B，P，Q は1つの円周上にある。

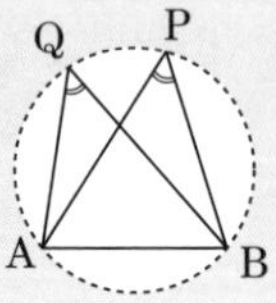

〈注意〉P，Q は直線 AB について同じ側にある。

Step 1 基礎力チェック問題

解答 別冊p.35

1 【円周角の定理】
右の図について，□にあてはまることばや数を書きなさい。

☑(1) ∠APB は，$\overset{\frown}{AB}$ に対する□， ∠AOB は，

$\overset{\frown}{AB}$ に対する中心角という。

☑(2) ∠AOB＝120° のとき，

∠APB＝□×120°＝□° となる。

☑(3) ∠APB＝35° のとき，

∠AOB＝2×□°＝□° となる。

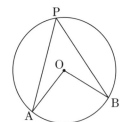

2 【円周角と中心角】
次の図で，∠x の大きさを求めなさい。

☑(1)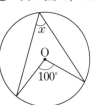

☑(2)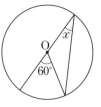

☑(3)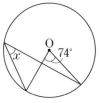

〔　　　　　〕　　　〔　　　　　〕　　　〔　　　　　〕

得点アップアドバイス

1

(2) $\angle APB = \dfrac{1}{2}\angle AOB$

(3) $\angle AOB = 2\angle APB$

2
　円周角の定理を使って求める。

(1) $\angle x = \dfrac{1}{2} \times 100°$

3 【円周角と中心角】

次の図で, ∠x の大きさを求めなさい。

(1)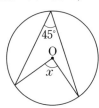

(2)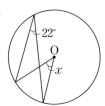

(3)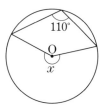

〔　　　　　〕　　〔　　　　　〕　　〔　　　　　〕

4 【円周角と弧】

右の図で, ∠x の大きさを求めます。

☐ にあてはまる数を書きなさい。

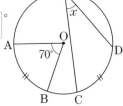

(1) $\overarc{AB}$ に対する円周角は, $\dfrac{1}{2} \times$ ☐ ° ＝ ☐ °

(2) $\overarc{AB} = \overarc{CD}$ で, 等しい弧に対する円周角の大きさは等しいことから, ∠x ＝ ☐ °

5 【等しい弧に対する円周角】

次の図で, ∠x の大きさを求めなさい。

(1) $\overarc{AB} = \overarc{BC}$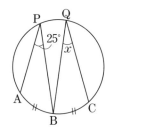

(2) $\overarc{AB} = \overarc{CD}$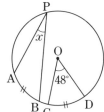

(3) $\overarc{AB} = \overarc{CD}$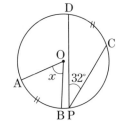

〔　　　　　〕　　〔　　　　　〕　　〔　　　　　〕

6 【円周角の定理の逆】

右の図で, 4点 A, B, C, D が1つの円周上にあることを証明します。☐ にあてはまる数や記号を書きなさい。

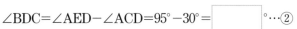

〔証明〕　∠BAC＝65°…①

　　∠BDC＝∠AED－∠ACD＝95°－30°＝ ☐ °…②

①, ②より, ∠BAC＝∠ ☐ だから,

円周角の定理の逆より, 4点 A, B, C, D は1つの円周上にある。

得点アップアドバイス

3

確認 **円周角と中心角**

1つの弧に対する中心角の大きさは, その弧に対する円周角の大きさの2倍になる。

(1) ∠x＝2×45°

(3)で中心角 x に対する円周角は110°だね。

4

確認 **円周角と弧**

1つの円において, 等しい長さの弧に対する円周角の大きさは等しい。

5

(2) $\overarc{AB} = \overarc{CD}$ で, $\overarc{CD}$ に対する円周角の大きさと $\overarc{AB}$ に対する円周角の大きさは等しくなる。

6

復習 **三角形の角**

△EDC で三角形の内角と外角の関係を使うと,

　∠AED
　＝∠DCE＋∠EDC

6章／円

1　円周角の定理

81

1 【円周角と中心角】
次の図で，∠x の大きさを求めなさい。

(1)
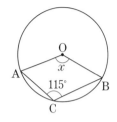

〔　　　　　　　〕

(2)
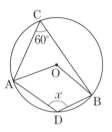

〔　　　　　　　〕

(3)
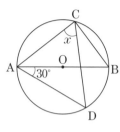

〔　　　　　　　〕

✓よくでる (4)
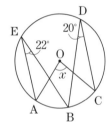

〔　　　　　　　〕

(5)
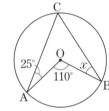

〔　　　　　　　〕

(6)
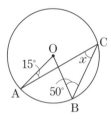

〔　　　　　　　〕

2 【円周角と弧の定理】
次の図で，x の値を求めなさい。

(1)
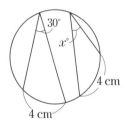

〔　　　　　　　〕

(2)
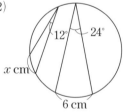

〔　　　　　　　〕

(3)
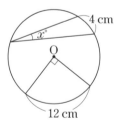

〔　　　　　　　〕

3 【円周角と中心角】
右の図のように，AB を直径とする半円 O があります。
点 C，D は $\overset{\frown}{AB}$ 上にあり，∠DOB＝36°，AC∥OD のとき，
∠CAD の大きさを求めなさい。

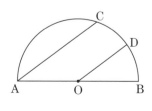

〔　　　　　　　〕

4 【円周角の定理】

右の図で，4点 A，B，C，D は同じ円周上にあり，∠AEB＝32°，∠DBE＝36° です。このとき，∠x の大きさを求めなさい。

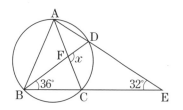

〔　　　　　〕

5 【円周角と弧】

右の図で，4点 A，B，C，D は円 O の円周上にあり，$\overparen{AB}$：$\overparen{BC}$＝1：2，CA＝CD，∠ACB＝25° です。このとき，次の問いに答えなさい。

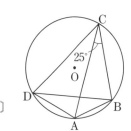

ミス注意 (1) ∠CBD の大きさを求めなさい。

〔　　　　　〕

(2) $\overparen{CD}$：$\overparen{DA}$ を，最も簡単な整数の比で表しなさい。

〔　　　　　〕

6 【円周角の定理の逆】

次のア〜ウの図のうち，4点 A，B，C，D が1つの円周上にあるものはどれですか。すべて選んで，記号で答えなさい。

ア 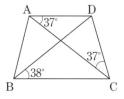　イ 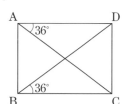　ウ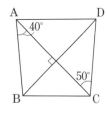

〔　　　　　　　　〕

入試レベル問題に挑戦

7 【円周角と直径】

右の図において，4点 A，B，C，D は円 O の周上にあり，線分 AC は円 O の直径です。∠ADB＝25° であるとき，∠x，∠y の大きさをそれぞれ求めなさい。　〈沖縄県〉

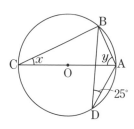

〔　　　　　　　　〕

💡 **ヒント**

円周角の定理を使って，∠x の大きさを求める。

また，∠ABC は CA を直径とする円の円周角で 90° であることを使う。

2 円の性質の利用

攻略のコツ 円と三角形の問題は，まず円周角に着目して考える。

テストに出る！ 重要ポイント

●円の接線

右の図のように，円 O の外部の 1 点
P からその円にひいた 2 つの接線の
長さは等しくなる。→ **PA＝PB**

➡ このとき，∠PAO＝∠PBO＝90°
を使って，問題を解くことができ
る。

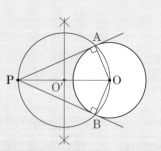

●円周角の定理
の利用

右の図のように，4 点 A，B，C，D が同じ
円周上にあるとき，円周角の定理を利用し，

$$∠ADP＝∠BCP$$
$$∠DAP＝∠CBP$$

を使って，△ADP∽△BCP を証明できる。
また，△ADP∽△BCP から，PA：PB＝PD：PC が成り立つ。

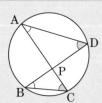

Step 1 基礎力チェック問題

解答 別冊 p.36

☑ **1**

【円外の 1 点からの接線の作図】
右の図のように，円 O の外部の点 P
から，点 P を通る接線を次の手順で
作図すると，接線をひくことができ
ます。その理由について，□にあ
てはまることばや数を書きなさい。

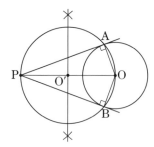

リンク
ニューコース参考書
中3数学
p.237～241

得点アップアドバイス

1

確認 **直径と円周角**

半円の弧に対する円周
角だから，∠PAO と∠PBO
は 90°である。

【手順】①2 点 P，O を結ぶ。

②線分 PO を直径とする円 O′ をかき，円 O との交点を A，B とする。

③直線 PA，PB をひく。

〈接線である理由〉

2 点 A，B は円 O′ の円周上にあり，線分 PO は円 O′ の □ だから，

∠PAO＝∠PBO＝ □ °

線分 AO，BO は円 O の □ である。円の接線はその接点を通る
半径に垂直だから，直線 PA，PB は円 O の接線である。

2【円の接線の証明】

右の図は，円 O の周上の点 A，B を接点とする円 O の接線をひき，その交点を P としたものです。このとき，**PA＝PB** であることを証明します。□にあてはまる数や記号を書きなさい。

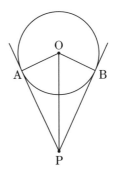

〔証明〕　O と P，O と A，O と B をそれぞれ結ぶ。

　　△OAP と△OBP で，

　　AP，BP はともに円 O の接線だから，

　　　　∠OAP＝∠OBP＝□°…①

　　　　OP は共通…②

　　円 O の半径は等しいから，OA＝□…③

　　①，②，③より，直角三角形の斜辺と他の 1 辺がそれぞれ等しいから，

　　△OAP≡△□

　　したがって，PA＝□

3【三角形の相似の証明】

右の図で，4 点 A，B，C，D は円の周上の点で，**BA，CD** を延長して交わった点を E とします。このとき，**△EAC∽△EDB** であることを証明します。□にあてはまる記号やことばを書きなさい。

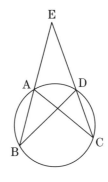

〔証明〕　△EAC と△EDB で，

　　共通の角だから，∠AEC＝∠□…①

　　$\overset{\frown}{\mathrm{AD}}$ に対する円周角から，∠□＝∠DBE…②

　　①，②より，□がそれぞれ等しいから，

　　△EAC∽△□

得点アップアドバイス

2

復習　**円の性質**

円の接線は，接点を通る円の半径に垂直である。円と接線の問題では，まず円の中心と接点を結んで考えよう。

復習　**直角三角形の合同条件**

①斜辺と 1 つの鋭角がそれぞれ等しい。
②斜辺と他の 1 辺がそれぞれ等しい。

3

円を使って三角形の相似を証明する問題は，円周角の定理を利用して解く。

同じ弧に対する円周角は等しいね。

6 章／円

2　円の性質の利用

85

1 【円外の1点からの接線の作図】
右の図で，点 P を通る円 O の接線を作図しなさい。

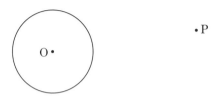

2 【円周角と接線】
右の図のように，AB を直径とする半円 O の周上の
点 C における接線と，BA の延長との交点を D とします。
∠ABC＝28°のとき，∠CDA の大きさを求めなさい。

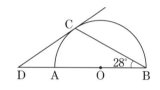

〔　　　　　〕

3 【円周角と接線】
ミス注意　右の図のように，円 O の外部の点 P から円 O に 2 つの接線を
ひき，接点をそれぞれ A，B とします。また，直線 AB にお
いて，点 P と反対側に点 C を円 O の周上にとりました。
∠APB＝40°のとき，∠PAC＋∠PBC の大きさを求めなさい。

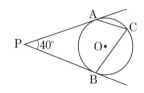

〔　　　　　〕

4 【三角形の相似の証明】
✔よくでる　右の図で，4 点 A，B，C，D は円 O の周上の点で，AC は円 O
の直径です。△ABD の頂点 A から辺 BD にひいた垂線を AE と
するとき，△ABE∽△ACD であることを証明しなさい。

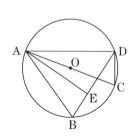

5 【三角形の相似の証明】

右の図のように，線分 **AB** を斜辺とする直角三角形 **ABC** と，3つの頂点 **A**，**B**，**C** を通る円の $\overset{\frown}{\text{AC}}$ 上に点 **P** をとり，2直線 **AP**，**BC** の交点を **Q** として，点 **C** と **P** を直線で結びました。**AC** と **BP** の交点を **R** としたとき，△**ARP**∽△**BQP** であることを証明しなさい。

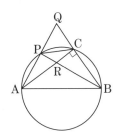

6 【三角形の相似の利用】

次の図で，円の弦 **AC** と **BD** が，円の内部の点 **P** で交わっています。このとき，x の値を求めなさい。

✓よくでる (1)　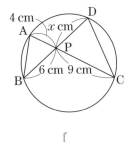　(2)　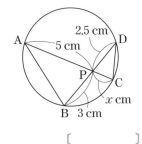　(3)　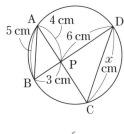

〔　　　　〕　　〔　　　　〕　　〔　　　　〕

入試レベル問題に挑戦

7 【円周角の定理の逆と三角形】

右の図のように，△**ABC** の辺 **AB** 上に点 **D**，辺 **BC** 上に点 **E** があり，∠**BAE**＝∠**BCD**＝40° とします。線分 **AE** と線分 **CD** との交点を **F** とします。このとき，次の問いに答えなさい。　〈北海道〉

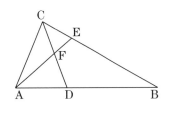

(1)　∠**AFC**＝115° のとき，∠**ABC** の大きさを求めなさい。

〔　　　　〕

(2)　△**ABC**∽△**EBD** を証明しなさい。

💡 **ヒント**

(2)　2つの三角形の等しい角（＝円周角）を見つける。∠**BAE** と ∠**BCD** は，直線 **ED** について同じ側にあるので，円周角の定理の逆が利用できる。

6章／円

2　円の性質の利用

定期テスト予想問題

1 次の図で，∠x の大きさを求めなさい。 【7点×6】

(1)
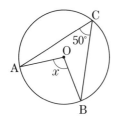

(2)
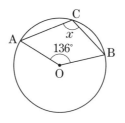

(3)
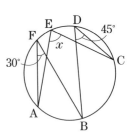

(4)
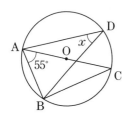

(5)
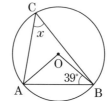

(6)
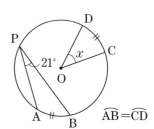

$\widehat{AB}=\widehat{CD}$

(1)		(2)		(3)	
(4)		(5)		(6)	

2 次の問いに答えなさい。 【7点×2】

(1) 右の図のように，2つの弦 AB と CD の交点を P とします。
AP＝3 cm，PB＝7 cm，PD＝5 cm のとき，PC の長さを
求めなさい。

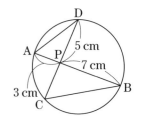

(2) 右の図で，$\widehat{PA}=\widehat{PB}$，∠APB＝50° です。点 A を通る円 O
の直径を AQ とし，AQ と PB の交点を R とするとき，∠QRB
の大きさを求めなさい。

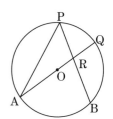

(1)		(2)	

3 右の図で，∠x，∠y の大きさをそれぞれ求めなさい。【7点×2】

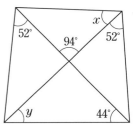

∠x =	∠y =

4 右の図で，BC は円 O の直径で，P は BC の延長上の点です。PA は点 A を接点とする円の接線です。∠APB＝36°のとき，∠ABP の大きさを求めなさい。【8点】

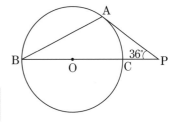

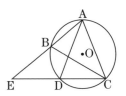

5 右の図のように，円 O に 2 つの弦 AB，CD をひき，この 2 つの弦を延長した交点を E とします。
AC＝AD のとき，△ABC∽△ACE となることを証明しなさい。
【8点】

 6 次の 2 人の会話文を読んで，あとの問いに答えなさい。【14点】

A さん：図のように，円周上に 4 点をとり，2 点をそれぞれ直線で結んだよ。一方の直線を直線 AB，もう一方を直線 CD として，2 直線の交点を P とすると，PA×PB＝PC×PD が成り立つと聞いたんだけど，証明できるかな。

B さん：三角形の相似が証明できれば，対応する辺の比が等しいことを利用して証明できそうだね。

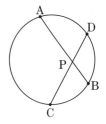

下線部を参考にして，△APC∽△DPB を証明して，PA×PB＝PC×PD を証明しなさい。

1 三平方の定理と平面図形への利用

リンク
ニューコース参考書
中3数学
p.252 ～ 264

攻略のコツ 直角三角形の辺の長さは，三平方の定理を使って求める。

テストに出る！ **重要ポイント**

◉ **三平方の定理**	直角三角形の直角をはさむ2辺の長さを a, b, 斜辺を c とするとき，$a^2+b^2=c^2$ が成り立つ。
◉ **三平方の定理 の逆**	3辺の長さ a, b, c の三角形で，$a^2+b^2=c^2$ が成り立つとき，その三角形は c を斜辺とする**直角三角形**になる。

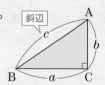

◉ **平面図形への 利用**

❶ 三角形の高さ　　❷ 対角線の長さ　　❸ 2点間の距離

$$\mathrm{AH}=\sqrt{\mathrm{AB}^2-\mathrm{BH}^2} \quad \mathrm{AC}=\sqrt{\mathrm{AB}^2+\mathrm{BC}^2} \quad d=\sqrt{(x_2-x_1)^2+(y_2-y_1)^2}$$

Step 1　基礎力チェック問題

解答 ▶ 別冊 p.38

1 【三平方の定理】
次の図の直角三角形で，x の値を求めなさい。

☑ (1)
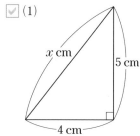

☑ (2)
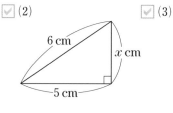

☑ (3)
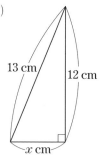

〔　　　　　〕　　　〔　　　　　〕　　　〔　　　　　〕

2 【三平方の定理の逆】
次のような3辺をもつ三角形ア～エから，直角三角形になるものを選び，記号で答えなさい。

ア　2 cm, 3 cm, 4 cm　　　イ　3 cm, 4 cm, 5 cm

ウ　3 cm, 5 cm, 6 cm　　　エ　6 cm, 7 cm, 8 cm

〔　　　　　〕

得点アップアドバイス

1

テストで **注意** 直角三角形の辺

　斜辺は直角の向かい側にある辺で，3辺の中でいちばん長い。

2

　3辺の長さが a, b, c のとき，$a^2+b^2=c^2$ が成り立つかどうかを確かめる。c にはいちばん長い辺をあてはめる。

3 【特別な直角三角形】

次の図の直角三角形で, x の値を求めなさい。

☑(1)

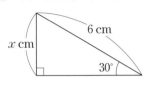

☑(2)

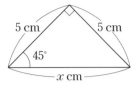

〔　　　　　〕　　　　　〔　　　　　〕

4 【三角形の高さと面積】

右の図について, 次の問いに答えなさい。

☑(1) 高さ AH を求めなさい。

〔　　　　　〕

☑(2) △ABC の面積を求めなさい。

〔　　　　　〕

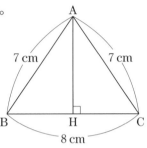

5 【三平方の定理の利用】

次の問いに答えなさい。

☑(1) 縦 6 cm, 横 8 cm の長方形の対角線の長さを求めなさい。

〔　　　　　〕

☑(2) 1 辺が 12 cm の正三角形の高さを求めなさい。

〔　　　　　〕

6 【円の弦と三平方の定理】

半径 7 cm の円 O において, 中心 O からの距離が 5 cm の弦 AB があります。この弦の長さを求めなさい。

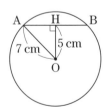

〔　　　　　〕

7 【2 点を結ぶ線分の長さ】

次の(1), (2)で, 点 A, B 間の距離を求めなさい。

☑(1) 右の図の 2 点 A, B

〔　　　　　〕

☑(2) A(−2, −3), B(3, 1)

〔　　　　　〕

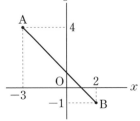

得点アップアドバイス

3
(1) 30°, 60°, 90°の角をもつ直角三角形の3辺の長さの比は, $1:2:\sqrt{3}$

(2) 45°, 45°, 90°の角をもつ直角三角形の3辺の長さの比は, $1:1:\sqrt{2}$

4
(1) △ABHでBH=$\frac{1}{2}$BC
だから, BH=4 cm

5
(1) 縦 a cm, 横 b cm の長方形の対角線の長さ ℓ cm は, $\ell>0$ より,
$\ell=\sqrt{a^2+b^2}$

(2) 1 辺 a cm の正三角形の高さ h cm は,
$h=\frac{\sqrt{3}}{2}a$

6
△OAH≡△OBH より,
AH=BH を利用する。

7
2点間の距離は**三平方の定理**を使って求める。

(1) A(−3, 4), B(2, −1)間の距離を求める。

1 【直角三角形の辺の長さ】
まわりの長さが **38 cm** の直角三角形があって，その斜辺の長さは **16 cm** です。この三角形の直角をはさむ 2 辺の長さを求めなさい。

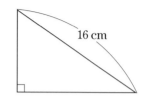

〔　　　　　　　　　　〕

2 【三平方の定理の逆】
ミス注意 次のような 3 辺をもつ三角形ア〜エから，直角三角形になるものをすべて選び，記号で答えなさい。

ア　8 cm，15 cm，17 cm　　　　イ　10 cm，15 cm，19 cm
ウ　$\sqrt{6}$ cm，$\sqrt{8}$ cm，$\sqrt{10}$ cm　　　　エ　$\sqrt{6}$ cm，$2\sqrt{2}$ cm，$\sqrt{14}$ cm

〔　　　　　　　　　　〕

3 【正三角形の高さと面積】
1 辺の長さが **10 cm** の正三角形があります。
次の問いに答えなさい。

✓よくでる (1)　この正三角形の高さを求めなさい。

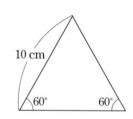

〔　　　　　　　〕

(2)　この正三角形の面積を求めなさい。

〔　　　　　　　〕

4 【関数と線分の長さ】
右の図のように，関数 $y = \dfrac{1}{2}x^2$ のグラフ上に，x 座標が
それぞれ -6，-2，4 となる点 A，B，C をとります。
このとき，次の問いに答えなさい。

(1)　2 点 A，B 間の距離を求めなさい。

〔　　　　　　　〕

(2)　2 点 B，C 間の距離を求めなさい。

〔　　　　　　　〕

(3)　△ABC はどんな三角形になりますか。

〔　　　　　　　〕

5 【直角三角形の辺の長さ】

次の図で，x の値を求めなさい。

(1)

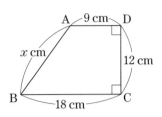

(2)

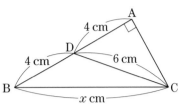

〔　　　　〕

〔　　　　〕

6 【円の接線と三平方の定理】

半径 2 cm の円 O があります。円 O の中心から 7 cm の距離にある点 A から，この円に接線 AP をひき，接点を P とします。このとき，次の問いに答えなさい。

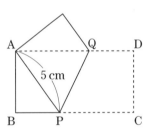

(1) ∠OPA の大きさを求めなさい。

〔　　　　〕

 よくでる (2) 線分 AP の長さを求めなさい。

〔　　　　〕

 7 【長方形の紙の折り重ね】

右の図のように，横が縦より 4 cm 長い長方形 ABCD の紙があります。頂点 C が頂点 A に重なるように折り，折り目を PQ とすると，PA＝5 cm でした。このとき，AB の長さを求めなさい。

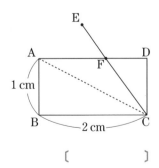

〔　　　　〕

入試レベル問題に挑戦

8 【三平方の定理と平行線】

右の図のように，AB＝1 cm，BC＝2 cm の長方形 ABCD があります。対角線 AC を対称の軸として，点 B を対称移動させた点を E，線分 CE と AD の交点を F とするとき，線分 DF の長さを求めなさい。〈東京工業大学附属科学技術高・改〉

〔　　　　〕

💡 **ヒント**

平行線の錯角が等しいことを使うと，△FAC が二等辺三角形であることがわかる。

2 三平方の定理の空間図形への利用

リンク
ニューコース参考書
中3数学
p.265～267

攻略のコツ 直角三角形をつくり，三平方の定理を使って線分の長さを求める。

テストに出る! 重要ポイント

●空間図形への利用

❶ 直方体の対角線の長さ

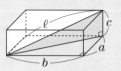

$$\ell=\sqrt{a^2+b^2+c^2}$$

❷ 四角錐（しかくすい）の高さ

$$h=\sqrt{\ell^2-a^2}$$

❸ 円錐の高さ

$$h=\sqrt{\ell^2-r^2}$$

❹ 巻きつけた糸の長さ

最も短くなる糸の長さを求めるときは，巻きつけたところの展開図をかく。

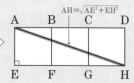

Step 1 基礎力チェック問題

解答 別冊 p.40

1 【直方体の対角線】
右の図の直方体について，次の問いに答えなさい。

☑(1) AC の長さを求めなさい。

〔　　　　　〕

☑(2) △AGC はどんな三角形ですか。

〔　　　　　〕

☑(3) 対角線 AG の長さを求めなさい。

〔　　　　　〕

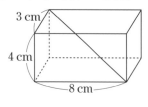

2 【直方体と立方体の対角線】
次の直方体と立方体の対角線の長さを求めなさい。

☑(1)

☑(2)

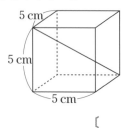

〔　　　　　〕　　　　　〔　　　　　〕

得点アップアドバイス

1

(1) △ABC で三平方の定理を使って求める。

2

(2) 立方体でも，直方体と同じように対角線の長さを求めることができる。

3 【円錐の高さ】
右の図のような，底面の半径が 6 cm，母線の
長さが 15 cm の円錐があります。次の問いに
答えなさい。ただし，円周率は π とします。

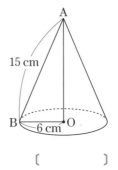

15 cm

A

B　6 cm　O

☑ (1)　△ABO はどんな三角形ですか。

〔　　　　　　　　　　〕

☑ (2)　この円錐の高さ AO を求めなさい。

〔　　　　　　　　　　〕

☑ (3)　この円錐の体積を求めなさい。

〔　　　　　　　　　　〕

3 ⋯⋯⋯⋯⋯⋯⋯⋯
(2)　三平方の定理を使っ
て AO の長さを求める。

🔄 **復習** 円錐の体積
(3)　底面の半径が r cm，
高さが h cm の円錐の体積
V cm³ は，
$$V=\frac{1}{3}\pi r^2 h$$

4 【四角錐の高さ】
右の図のような，底面が 1 辺 10 cm の正方
形で，残りの辺が 15 cm の正四角錐があり
ます。次の問いに答えなさい。

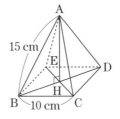

A

15 cm

E　　D

H

B　10 cm　C

☑ (1)　BD の長さを求めなさい。

〔　　　　　　　　　　〕

☑ (2)　この正四角錐の高さ AH を求めなさい。

〔　　　　　　　　　　〕

☑ (3)　この正四角錐の体積を求めなさい。　〔　　　　　　　　〕

☑ (4)　側面の三角形の高さを求めなさい。　〔　　　　　　　　〕

4 ⋯⋯⋯⋯⋯⋯⋯⋯
三平方の定理が使える
三角形を見つける。

(1)　△BCD は，45°，45°，
90°の角をもつ直角三角形。

✔ **確認** 四角錐の高さ
(2)　四角錐の高さは底面
に垂直である。

(4)　側面の三角形は，二
等辺三角形。

5 【糸の長さ】
右の図の 1 辺が 6 cm の立方体に，点 A から辺
BF，CG を通って点 H まで糸をかけます。こ
のとき，次の問いに答えなさい。

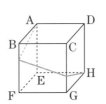

A　　D
B　　C
　E　　H
F　　G

☑ (1)　右の展開図に，AH の長さが最も
短くなるときの糸のようすをかきな
さい。

A　　D

A　B　　C　D　A

E　F　　G　H　E

　E　　H

☑ (2)　(1)のとき，AH の長さを求めなさ
い。

〔　　　　　　　　　　〕

5 ⋯⋯⋯⋯⋯⋯⋯⋯
展開図にかきこんで考
える。

(1)　展開図で，AH が一
直線になるとき，最も短
くなる。

(2)　展開図で，△AEH を
考える。

6 【直方体の対角線と円錐の高さ】
次の問いに答えなさい。

☑ (1)　縦 5 cm，横 6 cm，高さ 7 cm の直方体の対角線の長さを求めなさい。

〔　　　　　　　　　　〕

☑ (2)　底面の半径が 8 cm，母線の長さが 12 cm の円錐の高さを求めなさい。

〔　　　　　　　　　　〕

実力完成問題

解答 別冊 p.40

1 【直方体の対角線】
右の図の直方体の中に，△AEG を考えるとき，その周の長さを求めなさい。

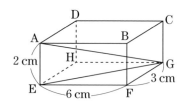

〔　　　　　　　〕

2 【立方体の対角線と表面上の線分の長さ】
1 辺が 4 cm の立方体があります。右の図のように，辺 BF，DH の中点を，それぞれ M，N とするとき，次の問いに答えなさい。

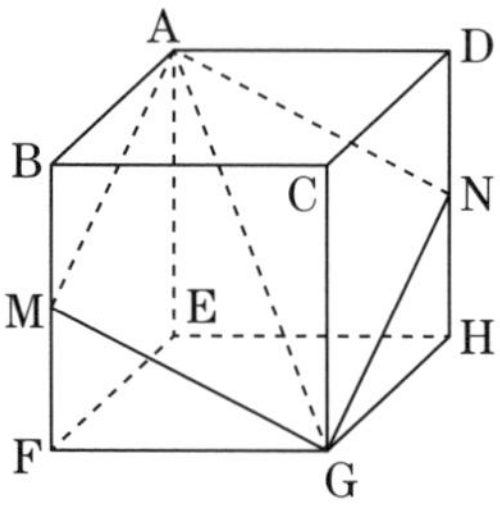

よくでる (1) 対角線 AG の長さを求めなさい。

〔　　　　　　　〕

(2) 4 つの線分 AM，MG，GN，NA の長さの和を求めなさい。

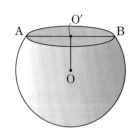

〔　　　　　　　〕

3 【球と切り口】
右の図のように，半径が 10 cm の球を，ある平面で切りました。切り口は円になり，直径 AB は 16 cm です。切り口の円の中心を O′ とするとき，線分 OO′ の長さを求めなさい。

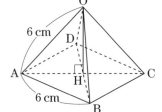

〔　　　　　　　〕

4 【正四角錐の体積と表面積】
底面が 1 辺 6 cm の正方形で，他の辺が 6 cm である正四角錐について，次の問いに答えなさい。

(1) 高さ OH を求めなさい。

〔　　　　　　　〕

よくでる (2) 体積を求めなさい。

〔　　　　　　　〕

ミス注意 (3) 表面積を求めなさい。

〔　　　　　　　〕

5 【円錐の体積】
右の展開図を組み立てたときにできる立体について，
次の問いに答えなさい。ただし，円周率は π とします。

(1) 底面の半径を求めなさい。

〔　　　　　〕

(2) 体積を求めなさい。

〔　　　　　〕

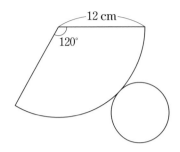

 思考
6 【立体の表面を通る線分の長さ】
次の問いに答えなさい。

(1) 右の図のように，AB＝8 cm，AD＝4 cm，
AE＝2 cm の直方体があります。2つの線分 AP，
PG の長さの和が最も短くなるときの AP＋PG
の長さを求めなさい。

〔　　　　　〕

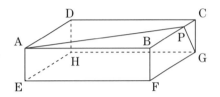

(2) 底面の円周が 10 cm，高さが 5 cm の円柱があ
ります。この円柱の1つの母線を AB とし，右の
図のように，点 A から側面上をひとまわりして
点 B までひもを巻きつけます。このひもの長さ
が最も短くなるとき，その長さを求めなさい。

〔　　　　　〕

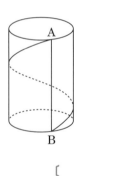

入試レベル問題に挑戦

7 【三角錐の線分の長さ】
右の図のような正四面体 ABCD があります。点 G は
辺 AD の中点です。辺 BC 上に点 E，辺 BD 上に点 F を，
AE＋EF＋FG の長さが最も短くなるようにとります。
正四面体の1辺の長さが2のとき，AE＋EF＋FG の
値を求めなさい。　　　　　　　　　　〈中央大学杉並高〉

〔　　　　　〕

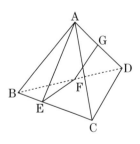

💡 **ヒント**

正四面体 ABCD の展開図をかき，AE と EF と FG が一直線になるときを考える。

定期テスト予想問題 ①

時間 ▶ 50分
解答 ▶ 別冊p.41

得点

／100

1 次の図の直角三角形で，x の値を求めなさい。 【7点×3】

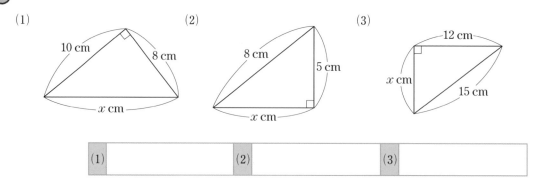

(1)

10 cm
8 cm
x cm

(2)

8 cm
5 cm
x cm

(3)

12 cm
x cm
15 cm

(1)		(2)		(3)	

2 次のような3辺をもつ三角形ア～エから，直角三角形になるものをすべて選び，記号で答えなさい。 【7点】

ア 9 cm, 12 cm, 15 cm   イ 5 cm, 6 cm, 7 cm

ウ 4 cm, 6 cm, $2\sqrt{5}$ cm   エ 2 cm, $2\sqrt{3}$ cm, 3 cm

3 次の問いに答えなさい。 【8点×2】

(1) 2点 A(4, 2)，B(3, −3) 間の距離を求めなさい。
(2) 右の直方体の対角線の長さを求めなさい。

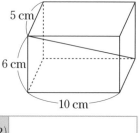

5 cm
6 cm
10 cm

(1)		(2)	

4 右の図の△ABC で，AC＝8 cm，BC＝4 cm，∠ACB＝120° です。このとき，AB の長さを求めなさい。 【8点】

A
8 cm
120°
B 4 cm C

5 半径 7 cm の円で，中心 O からの距離が 3 cm である弦 AB があります。この弦 AB の長さを求めなさい。　【8点】

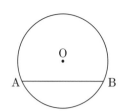

6 右の図のように，底面の半径が 3 cm，母線の長さが 8 cm の円錐があります。このとき，次の問いに答えなさい。ただし，円周率は π とします。　【8点×2】

(1) この円錐の高さを求めなさい。

(2) この円錐の体積を求めなさい。

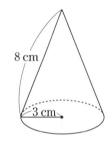

7 右の図のように，長方形 ABCD を AE を折り目として，頂点 D が辺 BC 上の点 F と重なるように折ります。このとき，次の問いに答えなさい。　【8点×2】

(1) 線分 BF の長さを求めなさい。

(2) 線分 DE の長さを求めなさい。

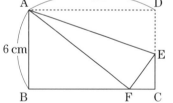

8 右の図で，四角形 ABCD は AD∥BC の台形です。この台形を，辺 DC を軸として 1 回転させてできる立体の体積を求めなさい。ただし，円周率は π とします。　【8点】

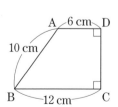

定期テスト予想問題 ②

時間 ▶ 50分
解答 ▶ 別冊p.42

得点
/100

1 次の図で，x の値を求めなさい。　　　　　　　　　　　　　　　　【6点×3】

(1)
6 cm
45°
x cm

(2)
8 cm
x cm
60°

(3)
15 cm
12 cm
12 cm
x cm

(1)		(2)		(3)	

2 次の問いに答えなさい。　　　　　　　　　　　　　　　　　　　　　【6点×3】

(1) 座標平面上で，3点 A$(-5, 0)$，B$(1, -3)$，C$(4, 3)$ を頂点とする△ABC は，どのような三角形ですか。

(2) 1辺が 7 cm の立方体の対角線の長さを求めなさい。

(3) 1辺が 10 cm の正三角形の面積を求めなさい。

(1)		(2)		(3)	

3 右の図で，M，N はそれぞれ正四面体 ABCD の辺 BC，CD の中点です。このとき，次の問いに答えなさい。　　【7点×3】

(1) 線分 AM の長さを求めなさい。

(2) 3点 A，M，N を通る平面で切るとき，切り口の△AMN の周の長さと面積を求めなさい。

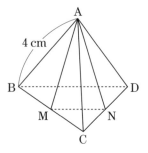

A
4 cm
B
D
M
N
C

(1)		(2)	周の長さ		面積	

4 右の図で，円 O の半径は 6 cm で，中心 O から 10 cm の距離にある点 A から，円 O に点 P を接点とする接線 AP をひきます。このとき，AP の長さを求めなさい。　【7点】

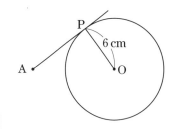

5 右の図で，関数 $y = -\dfrac{1}{3}x + 3$ のグラフと y 軸，x 軸との交点をそれぞれ A，B とします。このとき，線分 AB の長さを求めなさい。　【8点】

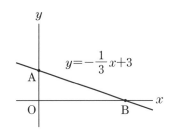

6 右の図のように，球を中心 O との距離が 3 cm である平面で切ると，その切り口は円になります。球の半径が 5 cm のとき，切り口の円 O′ の半径を求めなさい。　【8点】

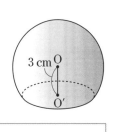

7 右の図のような，AB＝3 m，AD＝6 m，BF＝5 m の直方体 ABCD−EFGH があります。頂点 A から頂点 G にひもをかけるのに，辺 BC を通るかけ方，辺 CD を通るかけ方，辺 DH を通るかけ方を考えます。どのかけ方もそれぞれのかけ方でひもの長さが最も短くなるようにかけます。このとき，次の問いに答えなさい。

【10点×2】

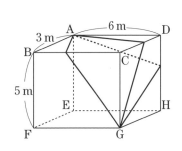

(1) 3 通りのかけ方のうち，ひもの長さが最も短くなるのはどの辺を通るかけ方ですか。

(2) (1)でひもの長さが最も短くなるようにかけたとき，このひもと頂点 C との距離は何 m ですか。

(1)		(2)	

1 標本調査

攻略のコツ 標本と母集団で，資料の平均や特定の集団のしめる割合はほぼ等しい。

リンク
ニューコース参考書
中3数学
p.276 ～ 281

テストに出る！ 重要ポイント

● 全数調査と 標本調査

調査の目的や，現実的に可能な調査かを考慮して，適切な調査を決める。

❶ **全数調査**…調査の対象となる集団のすべてについて調べる。

❷ **標本調査**…集団の中から一部分を取り出して調べる。

例 国勢調査…全数調査　　視聴率調査…標本調査

● 母集団と標本

調査の対象となる母集団から取り出した一部分を標本といい，その個数を標本の大きさという。

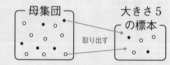

● 標本平均・ 標本調査の 利用

❶ 標本平均の利用…標本の平均値から，母集団の平均値を推定する。

❷ 標本調査の利用…ある集団が標本の中にしめる割合から，その集団が母集団にしめる割合を推定する。

Step 1 基礎力チェック問題

解答 別冊 p.44

1 【全数調査と標本調査】
次の調査のうち，標本調査が適切であるものはどれですか。すべて選び，その記号を答えなさい。

ア　ある湖に生息する魚のうち，外来種の割合を調べる調査

イ　ある日のクラスの出席者数の調査

ウ　あるプロ野球選手の1年間の打率を調べる調査

エ　ある種の渡り鳥が，1年間に移動する距離を調べる調査

〔　　　　　　〕

2 【標本の選び方】
次の標本調査について，標本の選び方として，適切なものはどれですか。記号を答えなさい。

ア　ある国政選挙の出口調査で，投票所から出てきた人のうち，子どもを連れた人を選んで調査する。

イ　ある工場で製造された製品の品質を検査するのに，毎日，工場が稼働してからはじめに製造した10個を選んで検査する。

ウ　テレビ局の行う世論調査で，コンピュータに無作為に電話番号を選ばせて，その電話番号にかけて聞き取り調査をする。

〔　　　　　　〕

得点アップアドバイス

1
全数調査が現実的に無理な場合や，標本調査でも調査の目的が達せられる場合は，標本調査が適切と考えてよい。

2
無作為に選ばれているものは，ほぼまちがいなく適切に選ばれているといってよい。この他に，ある一定の間隔をあけて取り出すことで，かたよりがなく取り出せる場合もある。

3 【母集団と標本】

ある水族館で，1日に来館した7680人のうち，無作為に選び出した50人にアンケート調査を行いました。この標本調査について，次の問いに答えなさい。

☑(1) この標本調査の母集団と標本を答えなさい。

母集団〔　　　　　　　〕

標本〔　　　　　　　〕

☑(2) 標本の大きさを答えなさい。　　　　　　　　〔　　　　　　　〕

4 【標本平均の利用】

ある養鶏場で1日に集められた455個の卵の重さの平均値を推定するために，この中から20個を選び出して，標本調査を利用することにします。次の問いに答えなさい。

☑(1) 標本となる20個を選び出すときに，注意すべきことはどれですか。

ア　なるべく同じ大きさの卵を20個選ぶ。

イ　大小関係なく無作為に抽出する。

ウ　特に健康状態のよいにわとりを20羽選んで，そのにわとりの産んだ卵を選ぶ。　　　　　　　　　　　　　　　〔　　　　　　　〕

☑(2) (1)で適切に選ばれた20個の卵の重さの平均値は62.5gでした。母集団である455個の卵の平均値について，正しいことがらを述べているのはどれですか。

ア　母集団の平均値は62.5gである。

イ　母集団の平均値は，およそ62.5gと推定できる。

ウ　母集団の平均値は，62.5g以下と推定できる。

〔　　　　　　　〕

5 【標本調査の利用】

東地区のテレビ所有世帯は約1780万世帯です。ある会社が行う視聴率調査では，ここから無作為に抽出した600世帯に対して調査をします。この調査で，あるテレビ番組「A」が90世帯で視聴されていたという結果が出ました。このとき，東地区で「A」を視聴していた世帯数を，次の手順に従って推定しなさい。

〈視聴率を求める〉

番組「A」を視聴していたのは，〔　　　〕世帯のうち90世帯だから，

$\frac{90}{600}=0.15$ より，視聴率は〔　　　〕%である。

〈東地区で「A」を視聴した世帯数を推定する〉

番組「A」の視聴率が〔　　　〕%だから，

1780×〔　　　〕＝267　　つまり，〔　　　〕世帯

よって，東地区で番組「A」を視聴していた世帯数は，

およそ〔　　　　　〕世帯と推定できる。

 得点アップアドバイス

3

 確認　母集団と標本

● **母集団**…調査の対象となる集団全体。

● **標本**…母集団から取り出した一部分。その個数を**標本の大きさ**という。

4

 確認　標本平均

平均値を知りたい集団があり，その集団から無作為に抽出した標本の平均値を**標本平均**という。

(1) 標本平均をとるための標本は，できるだけ母集団と同じ状況になっていることが望ましい。

(2) 母集団の平均値は，標本平均から推定することができる。また，標本の大きさが大きいほど，標本平均は母集団の平均値に近い値をとることが多い。

5

復習　割合

0.01＝1%

0.10＝10%

1.00＝100%

1780万などの大きな数は，1780として計算して，答えに「万」をつけると，計算を簡単にできるよ。

8章／標本調査

1　標本調査

実力完成問題　　解答▶ 別冊 p.44

1 【標本調査の利用】
赤玉と白玉があわせて 180 個入っている袋_{ふくろ}から，無作為に 15 個の玉を取り出したとき，赤玉が 9 個，白玉が 6 個でした。このことを，袋の中の赤玉，白玉それぞれの数を調べる標本調査とするとき，次の問いに答えなさい。

(1)　この標本調査の母集団は何ですか。

〔　　　　　　　　　　　　　　〕

よくでる (2)　この標本調査の標本は何ですか。また，標本の大きさを答えなさい。

標本〔　　　　　　　　　　　〕

標本の大きさ〔　　　　　　　〕

(3)　取り出した 15 個にふくまれる赤玉の割合を，最も簡単な分数で表しなさい。

〔　　　　　　　　　　　　　　〕

(4)　袋の中に，赤玉と白玉はそれぞれおよそ何個入っていると考えられますか。

赤玉〔　　　　　　　　　　　〕

白玉〔　　　　　　　　　　　〕

2 【標本調査による推定】
ある池に生息する亀_{かめ}の数を調べるために，池から 10 匹の亀を捕獲_{ほかく}して，その全部に印をつけて池にもどしました。数日後，同じ池で 15 匹の亀を捕獲したところ，その中に印のついたものが 2 匹いました。この池には，およそ何匹の亀が生息していると考えられますか。

〔　　　　　　　　　　　　　　〕

3 【標本調査の資料の読み取り】
ある動物園で，来園者がどの市から来ているかを調べるために，ある日の来園者 1600 人の中から無作為に 200 人を抽出して，どの市から来ているかを聞き取る調査を行ったところ，次のような結果になりました。あとの問いに答えなさい。

A 市	B 市	C 市	D 市	その他の市	合計
75 人	53 人	30 人	18 人	24 人	200 人

(1)　この日の来園者全体で，A 市から来ている人は，およそ何人いると考えられますか。

〔　　　　　　　　　　　　　　〕

(2)　この日の来園者全体で，A 市，B 市，C 市の 3 市以外から来ている人は，およそ何人いると考えられますか。

〔　　　　　　　　　　　　　　〕

4 【標本調査による推定】

ミス注意 一般に，清涼飲料水のペットボトルのキャップは，冷たい飲みものの場合が白，温かい飲みものの場合がオレンジ色とされています。今，袋の中に白のペットボトルキャップがたくさん入っています。この数を調べるために，オレンジ色のペットボトルキャップ30個を袋に入れ，よくかき混ぜたあと，袋の中から無作為に25個のペットボトルキャップを取り出したところ，オレンジ色のものは6個ふくまれていました。袋の中に白のペットボトルキャップは，およそ何個入っていると考えられますか。

〔　　　　　　　〕

5 【標本平均による推定】

右の表は，ある中学校に通う全校生徒720人の中から20人を無作為に抽出して，通学にかかる時間を聞き取ったものです。この標本をもとにして，全校生徒720人の通学時間の平均値を推定しなさい。

〔　　　　　　　〕

12	10	16	5	9
4	20	12	18	8
6	11	10	3	23
15	5	8	14	11
				(分)

思考 **6** 【標本平均による全体量の推定】

ある国語辞典の「あ」から「ん」までのページ数は1333ページです。この辞典にのっている見出し語の総数を調べるために，無作為に選んだ10ページにのっている見出し語の数を数えたところ，次のような結果になりました。あとの問いに答えなさい。

選んだページ	654	78	511	67	1170	7	236	1005	192	434
見出し語の数（個）	48	41	44	43	47	48	43	45	49	44

(1) 上の結果から，この10ページの見出し語の数の平均値を求めなさい。

〔　　　　　　　〕

(2) (1)の結果から，この国語辞典1冊の見出し語の総数を推定し，一の位を四捨五入した概数で答えなさい。

〔　　　　　　　〕

入試レベル問題に挑戦

7 【標本調査による推定】

箱の中に同じ大きさの黒玉だけがたくさん入っています。この黒玉の個数を推測するために，黒玉と同じ大きさの白玉200個を黒玉が入っている箱の中に入れ，箱の中をよくかき混ぜたあと，そこから80個の玉を無作為に抽出したところ，白玉が5個ふくまれていました。この結果から，はじめに箱の中に入っていた黒玉の個数は，およそ何個と推測されますか。

〈愛媛県〉

〔　　　　　　　〕

💡 **ヒント**

はじめに箱の中に入っていた黒玉と白玉の割合は，取り出した80個の玉の中の黒玉と白玉の割合に等しいと考える。

定期テスト予想問題

1 次の調査をするとき，標本調査と全数調査のどちらが適切か答えなさい。 【6点×4】

(1) ある工場で製造したローソクの品質検査

(2) 学校で行う進路調査

(3) 南極の氷の成分調査

(4) 年金加入者に対する年金記録の照合調査

(1)		(2)		(3)		(4)	

2 A市内の中学3年生の平均身長を調べるために，標本調査を行うことにしました。標本の選び方として適切なものはどれですか。記号を答えなさい。 【8点】

ア 特定の学校を1校決めて，その学校の中学3年生を調査する。

イ 市内の中学校のバレーボール大会に出場していた中学3年生を調査する。

ウ 乱数表を使って10個の数字を選び，各学校の中学3年生の全クラスより，出席番号が選び出した10個の数と一致する生徒を調査する。

3 右の表は，ある中学校の3年生女子27人の50m走の記録です。この表の中から10個の記録を無作為に抽出した結果は，次のとおりでした。あとの問いに答えなさい。

```
8.5, 8.9, 8.5, 9.0, 7.9,
6.9, 8.8, 8.1, 7.3, 7.4
```

番号	記録(秒)	番号	記録(秒)	番号	記録(秒)
①	7.9	⑩	9.2	⑲	7.8
②	8.2	⑪	8.9	⑳	8.1
③	8.5	⑫	8.0	㉑	8.3
④	8.1	⑬	6.9	㉒	8.8
⑤	7.2	⑭	7.3	㉓	7.9
⑥	8.0	⑮	7.1	㉔	8.5
⑦	9.0	⑯	8.2	㉕	9.2
⑧	8.5	⑰	9.0	㉖	9.0
⑨	7.4	⑱	9.1	㉗	7.3

【10点×2】

(1) この標本をもとにして，27人の記録の平均を推定しなさい。

(2) 実際に27人の平均値を求めて，その値から(1)で推定した値をひいた誤差を答えなさい。

(1)		(2)	

4 ある美術館で，1日に来館した 1380 人のうち，無作為に選び出した 150 人にアンケート調査を行ったところ，95 人が学生でした。この標本調査について，次の問いに答えなさい。

[8点×3]

(1) この調査の母集団を答えなさい。
(2) 標本の大きさを答えなさい。
(3) この日の来館者全体で，学生はおよそ何人いたと考えられますか。一の位を四捨五入した概数で答えなさい。

(1)	(2)	(3)

5 箱の中にゴルフボールがたくさん入っています。このゴルフボールの数を調べるために，箱から 30 個のゴルフボールを取り出し，その全部にサインをして箱にもどしました。箱の中をよくかき混ぜたあと，無作為に 30 個のゴルフボールを取り出すと，その中にサインのあるものが 4 個ありました。箱の中には，およそ何個のゴルフボールが入っていると考えられますか。

【12点】

思考 **6** A さんの学校では新入生を歓迎するため，学校中に飾(かざ)りつけをすることにしました。次の会話文は，紙の花飾りを作り始めてから 10 日目の A さんと B さんの会話です。これを読んで，あとの問いに答えなさい。

【12点】

A さん：新 2 年生と新 3 年生はあわせて 400 人いて，10 日間で，1 人が 1 日 1 個作っているから，花飾りは全部で 4000 個になったね。
B さん：でも，破れてしまって飾れないものもあるよ。何個くらいあるのかな。
A さん：毎日，最初に作った 40 個のうち，破れているものが何個あるかを数えて，その個数から飾れないものの個数を考えたらよいと思うよ。
B さん：でも，その考え方だと結果にかたよりが出そうだから，その日に作ったすべての花飾りから無作為に 40 個選んだほうがよいね。

10 日目までの花飾りについて，B さんの方法で 40 個のうち飾れないものと飾れるものを数えたところ，下の表のようになりました。飾ることができる花飾りを 6000 個用意するには，少なくとも何個作ればよいかを推定しなさい。

	1 日目	2 日目	3 日目	4 日目	5 日目	6 日目	7 日目	8 日目	9 日目	10 日目
飾れないもの	5	3	1	2	1	2	1	2	1	2
飾れるもの	35	37	39	38	39	38	39	38	39	38

高校入試対策テスト

1 次の問いに答えなさい。 【3点×10】

(1) $-12+(-3)^2$ を計算しなさい。

(2) $12a^2b \div 4ab$ を計算しなさい。

(3) $\dfrac{3x-y}{6} - \dfrac{x-2y}{8}$ を計算しなさい。

(4) $2x^2-14x+20$ を因数分解しなさい。

(5) $(\sqrt{3}+2)(\sqrt{3}-1)$ を計算しなさい。

(6) 2次方程式 $2x^2+3x-5=0$ を解きなさい。

(7) $\sqrt{\dfrac{56}{n}}$ が整数になるような自然数 n のうち，最も小さい数 n を求めなさい。

(8) 大小2つのさいころを同時に投げ，大きいさいころの出た目を a，小さいさいころの
出た目を b とするとき，次の確率を求めなさい。ただし，どの目が出ることも同様に確
からしいものとします。
① $a+b$ の値が奇数になる確率
② ab の値が奇数になる確率

(9) ある学校の昨年度の男子生徒数と女子生徒数の合計は 465 人でした。今年度は昨年度
に比べて，男子が 8% 増え，女子が 5% 減って，全体で 471 人になりました。
今年度の男子生徒数と女子生徒数を，それぞれ求めなさい。

(1)		(2)		(3)		(4)	
(5)			(6)			(7)	
(8) ①		②		(9) 男子		，女子	

2 箱の中にテニスボールがたくさん入っています。このテニスボールの総数を標本調査を
行って調べます。箱の中からテニスボールを 20 個取り出して，そのすべてに印をつけて
箱の中にもどし，よくかき混ぜたあと，ふたたびテニスボールを 20 個取り出したところ，
その中に印のついたテニスボールが 4 個ありました。この箱の中に入っているテニスボー
ルの総数はおよそ何個と推定できますか。 【3点】

3 次の問いに答えなさい。　　　　　　　　　　　【4点×2】

(1) 右の図1で，四角形 ABCD は平行四辺形です。線分 BA を延長した直線と∠BCD の二等分線の交点を E とします。∠BEC＝58° のとき，∠x の大きさを求めなさい。

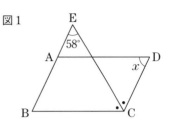
図1

(2) 右の図2で，半円 O は線分 AB を直径としています。2点 C，D が $\overarc{AB}$ 上にあり，線分 OD と線分 BC の交点を E とします。∠AOC＝50°，∠CBD＝33° のとき，∠x の大きさを求めなさい。

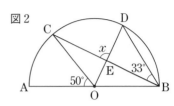
図2

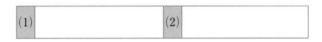

（1）　　　　　　　　　　　　（2）

4 右の図で，直線 ℓ は1次関数 $y＝3x－2$ のグラフ，曲線 m は ℓ 上の点 A を通る反比例 $y＝\dfrac{a}{x}$ のグラフ，直線 n は点 A を通る傾き −1 の直線です。直線 ℓ と x 軸の交点を B とし，直線 n と x 軸の交点を C とします。また，点 A の y 座標は4です。次の問いに答えなさい。

【3点×3】

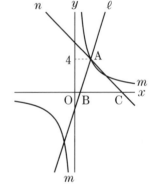

(1) a の値を求めなさい。
(2) 直線 n の式を求めなさい。
(3) △ABC の面積を求めなさい。ただし，座標の1目もりは1cm とします。

（1）　　　　　　　　　　　（2）　　　　　　　　　　　（3）

5 右の図は，ある正四角錐の展開図です。この正四角錐について，次の問いに答えなさい。　　　　　【3点×2】

(1) 表面積を求めなさい。
(2) 体積を求めなさい。

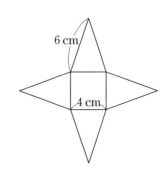
6 cm
4 cm

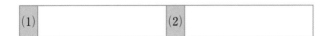

（1）　　　　　　　　　　　（2）

6 Aさんは家を出発して，1200 m離れた学校まで歩いて行きます。Aさんが家を出発してから6分後に，母親がAさんの忘れものに気づき，すぐに忘れものを持って自転車でAさんを追いかけました。

母親はAさんに追いつき，忘れものを渡すとすぐに家に引き返し，Aさんが家を出てから18分後に家に着きました。また，Aさんは家を出てから16分後に学校に着きました。

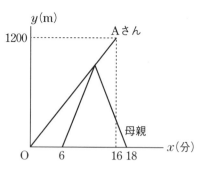

Aさんは，母親から忘れものを渡されたときも立ち止まることなく，つねに一定の速さで歩き，母親もつねに一定の速さで進むものとします。

右上のグラフは，Aさんと母親について，Aさんが家を出発してからの時間をx分，家からの距離をy mとしてグラフに表したものです。次の問いに答えなさい。 【4点×3】

(1) 母親がAさんに追いついたのは，家から何mの地点ですか。

(2) 母親が家を出てAさんに追いつくまでのxとyの関係を，式に表しなさい。

(3) Aさんが学校に着いたとき，母親は家から何mの地点にいますか。

(1)		(2)		(3)	

7 右の図は，点Oを中心とする円で，線分ABは円の直径です。2点C，Dは円Oの周上の点で，たがいに直径ABに対して反対側にあります。点Dから線分ACにひいた垂線をDEとします。次の問いに答えなさい。

【4点×2】

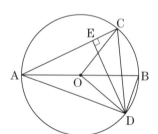

(1) △ABD∽△DCE であることを証明しなさい。

(2) AB＝6 cm，AE＝ED のとき，CDの長さを求めなさい。

8 右の図で，放物線は関数 $y=ax^2$ のグラフを表しています。

このグラフ上に 3 点 A，B，C があり，点 A の座標は $(-2, 1)$，点 B の座標は $(4, b)$，点 C の座標は $(8, c)$ です。また，y 軸上の $y>0$ の範囲に，△ABC＝△BCD となるように点 D をとります。次の問いに答えなさい。

【4点×3】

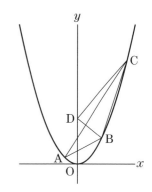

(1) a，b，c の値を求めなさい。

(2) 直線 BC の式を求めなさい。

(3) 点 D の座標を求めなさい。

9 右の図 1 で，立体 ABCD－EFGH は，AB＝4 cm，BC＝6 cm，AE＝2 cm の直方体です。

点 P は，頂点 A を出発し，辺 AB，辺 BC 上を秒速 1 cm で頂点 C まで動きます。次の問いに答えなさい。

【4点×3】

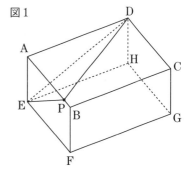

図1

(1) 点 P が辺 AB 上にあるとき，$EP^2+PD^2+DE^2=90$ となるのは，点 P が頂点 A を出発してから何秒後ですか。

(2) 点 P が辺 BC 上にあるとき，△PDE が二等辺三角形となるのは，点 P が頂点 A を出発してから何秒後ですか。すべて求めなさい。

(3) 右の図 2 のように，点 P が頂点 A を出発してから 4 秒後の△PDE と直方体の対角線 AG の交点を Q とします。このとき，AQ：QG を最も簡単な整数の比で表しなさい。

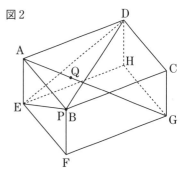

図2

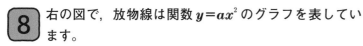

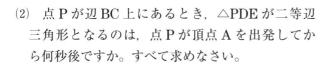

高校入試対策テスト

(1) | (2) | (3) |

(1) | (2) | (3) |

カバーイラスト	456
ブックデザイン	next door design（相京厚史，大岡喜直）
	株式会社エデュデザイン
本文イラスト	加納徳博
図版	株式会社アート工房，株式会社ケイデザイン，株式会社日本グラフィックス
編集協力	有限会社マイプラン
データ作成	株式会社四国写研
製作	ニューコース製作委員会

（伊藤なつみ，宮崎純，阿部武志，石河真由子，小出貴也，野中綾乃，大野康平，澤田未来，中村円佳，渡辺純秀，相原沙弥，佐藤史弥，田中丸由季，中西亮太，髙橋桃子，松田こずえ，山下順子，山本希海，遠藤愛，松田勝利，小野優美，近藤想，辻田紗央子，中山敏治）

＼あなたの学びをサポート！／

家で勉強しよう。
学研のドリル・参考書

URL　　　　　　　https://ieben.gakken.jp/
X（旧 Twitter）　@gakken_ieben

Web ページや X（旧 Twitter）では，最新のドリル・参考書の情報や，おすすめの勉強法などをご紹介しています。ぜひご覧ください。

読者アンケートのお願い

本書に関するアンケートにご協力ください。右のコードか URL からアクセスし，アンケート番号を入力してご回答ください。当事業部に届いたものの中から抽選で年間 200 名様に，「図書カードネットギフト」500 円分をプレゼントいたします。

アンケート番号：305301

https://ieben.gakken.jp/qr/nc_mondai/

学研ニューコース問題集　中3数学

【学研ニューコース】

問題集

中3数学

[別冊]

解答と解説

- ● 解説がくわしいので，問題を解くカギやすじ道がしっかりつかめます。

- ● 特に誤りやすい問題には，「ミス対策」があり，注意点がよくわかります。

1・2年の要点整理 (p.4-11)

1 数と式／方程式

① ＋　② −8　③ −　④ −3

⑤ ＋　⑥ −4　⑦ 15　⑧ −2

⑨ 4　⑩ 8　⑪ −　⑫ ＋

⑬ $18xy$　⑭ $3b$　⑮ −　⑯ ＋

⑰ −3　⑱ 4　⑲ 4　⑳ 4

㉑ 7

解説 ⑨ 累乗の計算では何をいくつかけるかを考える。

$(-2)^2 = (-2) \times (-2) = 4$

⑪⑫ 減法で，うしろの項の符号の変え忘れに注意する。

$$(x+5y)\underline{-}(3x\underline{-}4y) = x+5y\underline{-}3x\underline{+}4y$$
$$= x-3x+5y+4y$$
$$= -2x+9y$$

⑭ $12ab \div 4a = \dfrac{\overset{3}{\cancel{12}}ab}{\underset{1}{\cancel{4}}\underset{1}{\cancel{a}}} = 3b$

⑮⑯ 移項するときの符号の変化に注意する。

⑱〜㉑ 式を代入するときは，かっこをつけて代入する。

別解 (i)より，$-2x+y=-1$ …(iii)

(ii)+(iii)×2 より，$x=4$

$x=4$ を(i)に代入して，$y=2 \times 4-1 = 7$

2 関数

① $4x$　② $\dfrac{3}{x}$　③ **原点**　④ 3

⑤ **双曲線**　⑥ 24　⑦ 11　⑧ 7

⑨ 2　⑩ −5　⑪ $3x-5$　⑫ 2

⑬ y　⑭ 2　⑮ 3

解説 ⑥ $y = \dfrac{a}{x}$ に $x=6$, $y=4$ を代入して，

$4 = \dfrac{a}{6}$, $a = 4 \times 6 = 24$

⑦〜⑨ $x=4$ のとき，$y=2 \times 4+3 = 11$

$x=2$ のとき，$y=2 \times 2+3 = 7$

よって，変化の割合は，$\dfrac{11-7}{4-2} = \dfrac{4}{2} = 2$

⑩⑪ $y=3x+b$ に $x=2$, $y=1$ を代入して，

$1 = 3 \times 2+b$, $b = 1-6 = -5$

よって，$y = 3x-5$

⑫⑬ $x=2$ は $x=h$ の形なので，グラフは y 軸に平行な直線である。

⑭⑮ 2つの直線の交点の座標を求めるには，2つの直線の式を連立方程式として解く。

3 平面図形

① **平行**　② **対称**　③ **回転**　④ **垂直二等分線**

⑤ **二等分線**　⑥ **垂線**　⑦ $\dfrac{a}{360}$　⑧ πr^2

⑨ $\angle c$　⑩ $\angle d$　⑪ 180　⑫ 2

⑬ 360　⑭ 3　⑮ **間の角**　⑯ 1

⑰ **平行**　⑱ **対辺**　⑲ 2　⑳ **中点**　㉑ 1

解説 ④ 線分 AB とその垂直二等分線の交点は，線分 AB の中点である。

⑫ 正 n 角形の1つの内角の大きさは，

$\dfrac{180° \times (n-2)}{n}$ で求める。

⑬ 正 n 角形の1つの外角の大きさは，$\dfrac{360°}{n}$ で求める。

4 空間図形／データの活用

① BF　② EH　③ DH　④ DCGH

⑤ EFGH　⑥ BFGC　⑦ EFGH

⑧ Sh　⑨ πr^2　⑩ $\dfrac{1}{3}$　⑪ $\dfrac{1}{3}\pi r^2$

⑫ 4　⑬ $\dfrac{4}{3}$　⑭ $\dfrac{10}{25}$

⑮ **第1四分位数**　⑯ **第3四分位数**

⑰ **第3四分位数**　⑱ **第1四分位数**

⑲ 4　⑳ $\dfrac{4}{36}$　㉑ $\dfrac{1}{9}$

解説 ③ 平行でなく交わらない2直線はねじれの位置の関係である。

⑭ 度数の合計は 25 人，10 分以上 15 分未満の階級の度数は 10 人なので，求める相対度数は，

$\dfrac{10}{25} = 0.4$

⑲〜㉑ 大小2つのさいころを同時に投げるとき，目の出方は全部で，$6 \times 6 = 36$（通り）

出る目の数の和が5になるのは，(大, 小) = (1, 4), (2, 3), (3, 2), (4, 1) の4通りあるので，求める確率は，

$\dfrac{4}{36} = \dfrac{1}{9}$

1 多項式の乗除と乗法公式

Step 1 基礎力チェック問題 （p.12-13）

1 (1) $3x^2-6xy$　　　　(2) $6ab+2ac$

(3) $-16a^2b+10b^2$　　(4) $-8x^3+4xy$

(5) $4a^2-ab+5a$　　(6) $-20x^2-5xy+10x$

解説 (1) $(x-2y)\times 3x=x\times 3x+(-2y)\times 3x$

$=3x^2-6xy$

(4) $-4x(2x^2-y)=(-4x)\times 2x^2+(-4x)\times(-y)$

$=-8x^3+4xy$

(6) $-5x(4x+y-2)$

$=(-5x)\times 4x+(-5x)\times y+(-5x)\times(-2)$

$=-20x^2-5xy+10x$

2 (1) $5a-2$　　(2) $7x^2+5x$　　(3) $9x+6y$

(4) $-4m+1$　　(5) $8a-10$　　(6) $-4x^2+\dfrac{28}{3}y$

解説 (2) $(7x^3+5x^2)\div x=7x^3\times\dfrac{1}{x}+5x^2\times\dfrac{1}{x}$

$=7x^2+5x$

(3) $(6x^2y+4xy^2)\div\dfrac{2}{3}xy$

$=6x^2y\times\dfrac{3}{2xy}+4xy^2\times\dfrac{3}{2xy}$

$=9x+6y$

3 (1) ay　　(2) $4x$

解説 多項式の各項を順にかけ合わせて計算する。

(2) $(2x-y)(z+2)$

$=2x\times z+2x\times 2+(-y)\times z+(-y)\times 2$

$=2xz+4x-yz-2y$

4 (1) ア 4　　イ 7　　(2) ア 5　イ 10

(3) ア $81x^2$　イ $\dfrac{1}{9}y^2$　(4) 11　(5) $\dfrac{4}{9}x^2$

解説 (2) 和の平方を使う。$(x+a)^2=x^2+2ax+a^2$

(3) 項を<u>1つの文字</u>と考えて，乗法公式にあてはめる。

(4) 和と差の積を使う。$(x+a)(x-a)=x^2-a^2$

(5) $\dfrac{2}{3}x$ を X とおくと，

$\left(\dfrac{2}{3}x+5\right)\left(\dfrac{2}{3}x-5\right)=(X+5)(X-5)=X^2-5^2$

X を $\dfrac{2}{3}x$ にもどすと，$\left(\dfrac{2}{3}x\right)^2-5^2=\dfrac{4}{9}x^2-25$

5 (1) x^2-6x+8　　(2) $4x^2+12x+9$

(3) $a^2-6ab+9b^2$　　(4) $49-a^2$

解説 (1) $(x-2)(x-4)$

$=x^2+\{(-2)+(-4)\}x+(-2)\times(-4)=x^2-6x+8$

(2) $2x$ を X とおくと，$(X+3)^2=X^2+6X+9$

X を $2x$ にもどすと，

$(2x)^2+6\times 2x+9=4x^2+12x+9$

(3) $3b$ を X とおくと，$(a-X)^2=a^2-2Xa+X^2$

X を $3b$ にもどすと，

$a^2-2\times 3b\times a+(3b)^2=a^2-6ab+9b^2$

Step 2 実力完成問題 （p.14-15）

1 (1) $-3x^2+12xy-21x$　　(2) $12a^2-3ab$

(3) $6x^2-x$　　(4) $-2xy+\dfrac{1}{2}$

(5) $-4m^2+19mn-9n^2$　(6) $7a^2-7a$

(7) $-3x^2-9x$　　(8) $-2a^2+6ab$

解説 加減・乗除の混合計算では，特に符号に注意してかっこをはずし，同類項を整理する。

(4) $\left(xy^2-\dfrac{1}{4}y\right)\div\left(-\dfrac{1}{2}y\right)$

$=xy^2\times\left(-\dfrac{2}{y}\right)+\left(-\dfrac{1}{4}y\right)\times\left(-\dfrac{2}{y}\right)$

$=-2xy+\dfrac{1}{2}$

(5) $-4m(m-n)+3n(5m-3n)$

$=(-4m)\times m+(-4m)\times(-n)$

$\quad+3n\times 5m+3n\times(-3n)$

$=-4m^2+4mn+15mn-9n^2=-4m^2+19mn-9n^2$

(6) $2a(a+4)-5a(3-a)$

$=2a\times a+2a\times 4-5a\times 3-5a\times(-a)$

$=2a^2+8a-15a+5a^2=7a^2-7a$

(7) $9x\left(\dfrac{1}{9}x-\dfrac{1}{3}\right)-8x\left(\dfrac{1}{2}x+\dfrac{3}{4}\right)$

$=9x\times\dfrac{1}{9}x+9x\times\left(-\dfrac{1}{3}\right)$

$\quad-8x\times\dfrac{1}{2}x-8x\times\dfrac{3}{4}$

$=x^2-3x-4x^2-6x=-3x^2-9x$

(8) $6a\left(\dfrac{2}{3}a-\dfrac{1}{4}b\right)-10a\left(\dfrac{3}{5}a-\dfrac{3}{4}b\right)$

$=6a\times\dfrac{2}{3}a+6a\times\left(-\dfrac{1}{4}b\right)$

$-10a\times\dfrac{3}{5}a-10a\times\left(-\dfrac{3}{4}b\right)$

$=4a^2-\dfrac{3}{2}ab-6a^2+\dfrac{15}{2}ab=-2a^2+6ab$

2 (1) $x^2-4x-45$　　(2) $x^2-16x+60$

(3) p^2q^2+pq-2　　(4) $a^2+8a+16$

(5) $x^2-18x+81$　　(6) $\dfrac{1}{4}x^2-\dfrac{1}{3}xy+\dfrac{1}{9}y^2$

(7) $a^2+7ab+10b^2$ (8) $x^2+xy-\dfrac{3}{4}y^2$

(9) $x^2+2xy+y^2-2xz-2yz+z^2$

(10) $a^2-4a+4-b^2$

解説 (1) $(x+5)(x-9)$

$=x^2+\{5+(-9)\}\times x+5\times(-9)=x^2-4x-45$

(3) $-pq$ を1つの文字と考えて,

$(x+a)(x+b)=x^2+(a+b)x+ab$ を使う。

$(-pq)^2+\{1+(-2)\}\times(-pq)+1\times(-2)$

$=p^2q^2+pq-2$

(6) 各項をそれぞれ1つの文字と考えて,

$(x-a)^2=x^2-2ax+a^2$ を使う。

$\left(\dfrac{1}{2}x\right)^2-2\times\dfrac{1}{3}y\times\dfrac{1}{2}x+\left(\dfrac{1}{3}y\right)^2$

$=\dfrac{1}{4}x^2-\dfrac{1}{3}xy+\dfrac{1}{9}y^2$

(7) $2b$ と $5b$ をそれぞれ1つの文字と考えて,

$(x+a)(x+b)=x^2+(a+b)x+ab$ を使う。

$(a+2b)(a+5b)=a^2+(2b+5b)a+2b\times5b$

$=a^2+7ab+10b^2$

(9) $x+y$ を M とおいて, $(x-a)^2=x^2-2ax+a^2$ を
使う。

$(x+y-z)^2=(M-z)^2=M^2-2zM+z^2$

$=(x+y)^2-2z(x+y)+z^2$

$=x^2+2xy+y^2-2xz-2yz+z^2$

> ミス対策 M を $x+y$ にもどすのを忘れない
> ように気をつける。

(10) $a-2$ を M とおいて, $(x+a)(x-a)=x^2-a^2$ を
使う。

$(a-b-2)(a+b-2)=(a-2-b)(a-2+b)$

$=(M-b)(M+b)=M^2-b^2=(a-2)^2-b^2$

$=a^2-4a+4-b^2$

3 (1) $4x+9$ (2) $-13x-1$

(3) $a^2+15a+38$ (4) $5x^2+4x-5$

(5) $x^2+10x+4$ (6) $-m^2-3mn-7n^2$

解説 まず, 分配法則や乗法公式を利用してかっこ
をはずし, 最後に同類項をまとめる。

(1) $(x+3)^2-x(x+2)=x^2+6x+9-x^2-2x=4x+9$

(2) $(x-3)^2-(x+5)(x+2)$

$=x^2-6x+9-\underline{(x^2+7x+10)}$

$=x^2-6x+9-x^2-7x-10=-13x-1$

乗法公式を利用する部分の前が「$-$」のときは, 乗
法公式で計算した式をかっこでくくると, 符号のミ
スを防げる。

(3) $2(a+4)^2-(a+3)(a-2)$

$=2(a^2+8a+16)-(a^2+a-6)$

$=2a^2+16a+32-a^2-a+6$

$=a^2+15a+38$

(4) $(3x-2)(3x+2)-(2x-1)^2$

$=(3x)^2-2^2-\{(2x)^2-2\times1\times2x+1^2\}$

$=9x^2-4-(4x^2-4x+1)=9x^2-4-4x^2+4x-1$

$=5x^2+4x-5$

(5) $2(x-1)(x+6)-(x+4)(x-4)$

$=2(x^2+5x-6)-(x^2-16)$

$=2x^2+10x-12-x^2+16=x^2+10x+4$

(6) $(2m-6n)\left(\dfrac{3}{2}m+n\right)-(n-2m)^2$

$=2m\times\dfrac{3}{2}m+2m\times n+(-6n)\times\dfrac{3}{2}m$

$\quad +(-6n)\times n-(n^2-4mn+4m^2)$

$=3m^2+2mn-9mn-6n^2-n^2+4mn-4m^2$

$=-m^2-3mn-7n^2$

4 (1) ア 9 イ 81 (2) ア 5 イ 30

解説 (1) $(x-\boxed{ア})^2=x^2-2\times\boxed{ア}\times x+\boxed{ア}^2$

$\qquad$ (右辺)$=x^2-18x+\boxed{イ}$

$-2\times\boxed{ア}\times x=-18x$ より, $\boxed{ア}=9$

$\boxed{ア}^2=\boxed{イ}$ だから, $\boxed{イ}=81$

(2) $(x+6)(x-\boxed{ア})=x^2+\{6+(-\boxed{ア})\}x$

$\qquad\qquad\qquad\qquad\qquad +6\times(-\boxed{ア})$

$\qquad$ (右辺)$=x^2+x-\boxed{イ}$

$(6-\boxed{ア})x=x$ より, $\boxed{ア}=5$

$6\times(-\boxed{ア})=-\boxed{イ}$ だから, $\boxed{イ}=30$

5 (1) x^2 (2) $8a^2+17ab$ (3) $-25b^2$

解説 (1) $(x+4y)^2-8y(x+2y)$

$=x^2+8xy+16y^2-8xy-16y^2=x^2$

(2) $(3a+2b)^2-(a-b)(a-4b)$

$=9a^2+12ab+4b^2-(a^2-5ab+4b^2)$

$=9a^2+12ab+4b^2-a^2+5ab-4b^2$

$=8a^2+17ab$

(3) $4(a+2b)(a-3b)-(2a-b)^2$

$=4(a^2-ab-6b^2)-(4a^2-4ab+b^2)$

$=4a^2-4ab-24b^2-4a^2+4ab-b^2=-25b^2$

---

2 因数分解

Step 1 基礎力チェック問題 (p.16-17)

1 (1) ア x イ x ウ x (2) $2x$

(3) ア $3a$ イ $3y$ ウ 2

(4) ア $6xy$ イ $6xy$ ウ $6xy$

解説 多項式で, 各項に共通な因数を共通因数とい

う。因数分解するとき，まず，共通因数をくくり出す。

2 (1)ア 3 イ 2 ウ x エ 2
　　(2)ア 4 イ 4 ウ 4
　　(3)ア 6 イ 6 ウ 6
　　(4)ア 4 イ 4 ウ 4

解説 (1)$x^2+(a+b)x+ab=(x+a)(x+b)$ を使う。
$x^2+3x+2=x^2+(1+2)x+1\times2=(x+1)(x+2)$
(2)$x^2+2ax+a^2=(x+a)^2$ を使う。
$y^2+8y+16=y^2+2\times4\times y+4^2=(y+4)^2$
(3)$x^2-2ax+a^2=(x-a)^2$ を使う。
$a^2-12a+36=a^2-2\times6\times a+6^2=(a-6)^2$
(4)$x^2-a^2=(x+a)(x-a)$ を使う。
$x^2-16=x^2-4^2=(x+4)(x-4)$

3 (1)$(x+3)(x-7)$ 　　(2)$(x-3)(x+5)$
　　(3)$(a+2)(a-5)$ 　　(4)$(x-8)^2$
　　(5)$(2x+1)^2$ 　　(6)$(5x-1)^2$
　　(7)$(x+7)(x-7)$ 　　(8)$(5+2a)(5-2a)$
　　(9)$a(x-2)(x-7)$ 　　(10)$6(x-1)^2$
　　(11)$5a(x+1)(x-6)$ 　　(12)$a(x+6)(x-6)$

解説 (3)$a^2-3a-10$ と変形すると，公式が使えるようになる。和が -3，積が -10 になる2数は，2と -5 だから，$a^2-3a-10=(a+2)(a-5)$
(5)$4x^2=(2x)^2$ と考える。$4x=2\times1\times2x$ だから，
$4x^2+4x+1=(2x+1)^2$
(7)平方の差の形になっているので，
$x^2-a^2=(x+a)(x-a)$ を使う。
$x^2-49=(x+7)(x-7)$
(9)共通因数をくくり出してから，公式を利用する。
共通因数は a だから，$ax^2-9ax+14a$
$=a(x^2-9x+14)$ → かっこの中をさらに因数分解する。和が -9，積が 14 になる2数は，-2 と -7 だから，$a(x^2-9x+14)=a(x-2)(x-7)$
(10)共通因数は 6 だから，$6x^2-12x+6$
$=6(x^2-2x+1)=6(x-1)^2$
(11)共通因数は $5a$ だから，$5ax^2-25ax-30a$
$=5a(x^2-5x-6)$ → かっこの中をさらに因数分解すると，$5a(x^2-5x-6)=5a(x+1)(x-6)$
(12)共通因数は a だから，$ax^2-36a=a(x^2-36)$
かっこの中は，平方の差の形になっているから，公式を使って，$a(x^2-36)=a(x+6)(x-6)$

Step 2 実力完成問題 　　(p.18-19)

1 (1)$(x-4)(x+7)$ 　　(2)$(a+6)(a-7)$
　　(3)$(x-3)(x+9)$ 　　(4)$(a+7)(a-9)$
　　(5)$(x+y)(x-2y)$ 　　(6)$(a+4b)(a+5b)$
　　(7)$(a+11)^2$ 　　(8)$\left(x-\dfrac{1}{2}\right)^2$
　　(9)$(2x-1)^2$ 　　(10)$(5x+2y)^2$
　　(11)$(x+4y)(x-4y)$ 　　(12)$\left(\dfrac{3}{5}p+2q\right)\left(\dfrac{3}{5}p-2q\right)$

解説 因数分解の公式を使う。
(1)和が 3，積が -28 になる2数は，-4 と 7 だから，
$x^2+3x-28=(x-4)(x+7)$
(5)和が $-y$，積が $-2y^2$ になる2式は，y と $-2y$ だから，
$x^2-xy-2y^2=(x+y)(x-2y)$
(6)和が $9b$，積が $20b^2$ になる2式は，$4b$ と $5b$ だから，
$a^2+9ab+20b^2=(a+4b)(a+5b)$
(12)$\dfrac{9}{25}p^2=\left(\dfrac{3}{5}p\right)^2$，$4q^2=(2q)^2$ と考えて，
$x^2-a^2=(x+a)(x-a)$ を使う。
$\dfrac{9}{25}p^2-4q^2=\left(\dfrac{3}{5}p+2q\right)\left(\dfrac{3}{5}p-2q\right)$

2 (1)ア 13 イ 36 (2)36
　　(3)ア 14 イ 49 (4)ア 4 イ 12

解説 式を比較して考える。

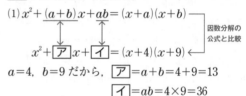

(1)$x^2+\underline{(a+b)}x+\underline{ab}=(x+a)(x+b)$　　因数分解の公式と比較
$x^2+\boxed{ア}x+\boxed{イ}=(x+4)(x+9)$
$a=4$，$b=9$ だから，$\boxed{ア}=a+b=4+9=13$
$\boxed{イ}=ab=4\times9=36$

(2)$x^2-a^2=(x+a)(x-a)$　　因数分解の公式と比較
$x^2-\boxed{}=(x+6)(x-6)$
$a=6$ だから，$\boxed{}=a^2=6^2=36$

(3)$x^2+2ax+a^2=(x+a)^2$　　因数分解の公式と比較
$x^2+\boxed{ア}x+\boxed{イ}=(x+7)^2$
$a=7$ だから，$\boxed{ア}=2a=2\times7=14$
$\boxed{イ}=a^2=7^2=49$

(4)$a^2x^2+2abx+b^2=(ax+b)^2$　　因数分解の公式と比較
$\boxed{ア}x^2+\boxed{イ}x+9=(2x+3)^2$
$a=2$，$b=3$ だから，$\boxed{ア}=a^2=2^2=4$
$\boxed{イ}=2ab=2\times2\times3=12$

3 (1)$2(a+3)(a-4)$ 　　(2)$5a(x-1)(x-7)$
　　(3)$m(x-2)(x+3)$ 　　(4)$ab(a+3)(a+7)$
　　(5)$(x+y+4)^2$ 　　(6)$(x-y)(x+y+2)$
　　(7)$(x+y)(x-y-4)$ 　　(8)$(x-2)(x-4)$

解説 共通因数をくくり出したり，式を変形したりしてから，因数分解の公式を使う。
(1)共通因数の 2 をくくり出してから，公式を使う。

$$2a^2-2a-24=2(a^2-a-12)=2(a+3)(a-4)$$
$$(2)\ 5ax^2-40ax+35a=5a(x^2-8x+7)$$
$$=5a(x-1)(x-7)$$
(3) 共通因数の m をくくり出すと，
$$m(x^2-6)+mx=m(x^2+x-6)$$
$$=m(x-2)(x+3)$$
$$(4)\ a^3b+10a^2b+21ab=ab(a^2+10a+21)$$
$$=ab(a+3)(a+7)$$
(5) 共通部分を1つの文字におきかえると因数分解が簡単にできる。$x+y$ を M とおくと，
$$\underline{(x+y)}^2+8\underline{(x+y)}+16=M^2+8M+16$$
$$=(M+4)^2 $$
$$=(x+y+4)^2 \rightarrow\ M\ を\ x+y\ にもどす$$

> **ミス対策** まず，展開し，整理して因数分解することもできるが，途中の計算でミスが出やすくなる。1つの文字におきかえられる式を探す。

(6) 公式を使える形に変形する。
$$x^2+2x-y^2-2y=x^2-y^2+2x-2y$$
$$=(x+y)\underline{(x-y)}+2\underline{(x-y)}=(x-y)(x+y+2)$$
$$(7)\ -4x+x^2-y^2-4y=x^2-y^2-4x-4y$$
$$=(x+y)(x-y)-4\underline{(x+y)}=(x+y)(x-y-4)$$
(8) 式を展開してから，因数分解する。
$$(2x-1)(x-8)-x(x-11)$$
$$=2x^2-16x-x+8-x^2+11x$$
$$=x^2-6x+8=(x-2)(x-4)$$
$\boxed{4}$ $(1)\ \dfrac{1}{6}(x+y)(x-3y)$ $\quad(2)\ (x+1)(x-8)$

$(3)\ (2a+3b-c)(2a-3b+c)$

$(4)\ (x+1)(x+3)(x-1)(x-3)$

解説 $(1)\ \dfrac{x^2}{6}-\dfrac{xy}{3}-\dfrac{y^2}{2}=\dfrac{1}{6}(x^2-2xy-3y^2)$

$$=\dfrac{1}{6}(x+y)(x-3y)$$

$(2)\ x(x-9)+2(x-4)=x^2-9x+2x-8$
$$=x^2-7x-8=(x+1)(x-8)$$
$(3)\ 4a^2-9b^2+6bc-c^2=4a^2-(9b^2-6bc+c^2)$
$$=4a^2-(3b-c)^2=\{2a+(3b-c)\}\{2a-(3b-c)\}$$
$$=(2a+3b-c)(2a-3b+c)$$
$(4)\ (x^2+3)^2-16x^2=(x^2+3)^2-(4x)^2$
$$=(x^2+3+4x)(x^2+3-4x)$$
$$=(x^2+4x+3)(x^2-4x+3)$$
$$=(x+1)(x+3)(x-1)(x-3)$$

---

3 式の計算の利用

Step 1 基礎力チェック問題 （p.20-21）

$\boxed{1}$ (1) ア 2 　　イ 400

(2) ア 100　　イ 10000　　ウ 10404

(3) ア 90　　イ 90　　ウ 8100

(4) ア 27　イ 73　ウ 100　エ 4600

解説 数を分解して，乗法公式や因数分解の公式を利用すると，計算が簡単にできる場合がある。

$(1)\ 98^2=(100-2)^2$

$(x-a)^2=x^2-2ax+a^2$ を使う。

$(100-2)^2=10000-400+4=9604$

(4) 平方の差の形になっているから，

$x^2-a^2=(x+a)(x-a)$ を使う。

$73^2-27^2=(73+27)(73-27)=100\times46=4600$

$\boxed{2}$ (1) 9999　(2) 7000

解説 $(1)\ 99\times101=(100-1)(100+1)$

$$=10000-1=9999$$

$(2)\ 85^2-15^2=(85+15)(85-15)=100\times70$

$$=7000$$

$\boxed{3}$ (1) ア 25 (5^2)　イ 25　　ウ 34

(2) ア x　　　イ y　　　ウ $\dfrac{2}{15}$

(3) ア y　　　イ 25

(4) ア a　　　イ 0.7　　ウ 1

解説 式をできるだけ簡単にしてから代入する。

(1) まず，乗法公式を使って，展開する。

$$(x+3)^2-(x+5)(x-5)$$
$$=x^2+6x+9-(x^2-25)$$
$$=x^2+6x+9-x^2+25=6x+34$$

$x=-7$ を代入して，$6\times(-7)+34=-8$

$(2)\ (x-y)^2-(x+y)^2$
$$=x^2-2xy+y^2-(x^2+2xy+y^2)$$
$$=x^2-2xy+y^2-x^2-2xy-y^2=-4xy$$

$x=-\dfrac{1}{5}$，$y=\dfrac{1}{6}$ を代入して，

$$-4\times\left(-\dfrac{1}{5}\right)\times\dfrac{1}{6}=\dfrac{2}{15}$$

(3) まず，因数分解の公式を使って，因数分解する。

$x^2-2xy+y^2=(x-y)^2$

$x=2$，$y=-3$ を代入して，$\{2-(-3)\}^2=5^2=25$

$(4)\ a^2-b^2=(a+b)(a-b)$

$a=0.7$，$b=0.3$ を代入して，

$(0.7+0.3)(0.7-0.3)=1\times0.4=0.4$

$\boxed{4}$ $(1)\ n+1$　(2) ア $n+1$　イ $(n+1)^2$

解説 連続する2つの整数を n, $n+1$ とおくと，2数の2乗の差は，
$$(n+1)^2-n^2=n^2+2n+1-n^2=2n+1$$
n は整数だから，$2n+1$ は奇数。

Step 2 実力完成問題 (p.22-23)

1 (1) 9216 (2) 1004004 (3) 38809
(4) 9964 (5) 99.91 (6) 999999

解説 (1) $96^2=(100-4)^2=10000-800+16$
$=9216$
(2) 0の数に注意すること。
$1002^2=(1000+2)^2=1000000+4000+4=1004004$
(3) $197^2=(200-3)^2=40000-1200+9=38809$
(4) $106\times94=(100+6)(100-6)=10000-36$
$=9964$
(5) $10.3\times9.7=(10+0.3)(10-0.3)=100-0.09$
$=99.91$

> ミス対策 小数のときも，整数と同じように，数を分解して，公式を利用できる。整数と小数に分解するとよい。

(6) $1001\times999=(1000+1)(1000-1)$
$=1000000-1=999999$

2 (1) 25 (2) 3000 (3) 4200 (4) 0.46

解説 因数分解の公式を利用すると，簡単に計算できてミスも防げる。
(1) $13^2-12^2=(13+12)(13-12)=25\times1=25$
(2) $65^2-35^2=(65+35)(65-35)=100\times30=3000$
(3) $157^2-143^2=(157+143)(157-143)$
$=300\times14=4200$
(4) $0.73^2-0.27^2=(0.73+0.27)(0.73-0.27)$
$=1\times0.46=0.46$

3 (1) -15 (2) $-\dfrac{1}{8}$ (3) 100 (4) 0.84
(5) 21

解説 (1)，(2)乗法公式を使って式を簡単にしてから代入する。(3)，(4)因数分解の公式を使う。
(1) $(x+3)(x-3)-(x+2)^2=x^2-9-(x^2+4x+4)$
$=x^2-9-x^2-4x-4=-4x-13$
$x=\dfrac{1}{2}$ を代入して，$-4\times\dfrac{1}{2}-13=-15$
(2) $(a+b)^2-(a+b)(a-b)=a^2+2ab+b^2-(a^2-b^2)$
$=a^2+2ab+b^2-a^2+b^2=2ab+2b^2$
$a=\dfrac{1}{2}$，$b=-\dfrac{1}{4}$ を代入して，

$2\times\dfrac{1}{2}\times\left(-\dfrac{1}{4}\right)+2\times\left(-\dfrac{1}{4}\right)^2=-\dfrac{1}{4}+\dfrac{1}{8}=-\dfrac{1}{8}$
(3) $x^2-14x+49=(x-7)^2$
$x=17$ を代入して，$(17-7)^2=10^2=100$
(4) $m^2-n^2=(m+n)(m-n)$
$m=1.64$，$n=1.36$ を代入して，
$(1.64+1.36)(1.64-1.36)=3\times0.28=0.84$
(5) $x^2+y^2-xy=x^2+2xy+y^2-3xy$
$=(x+y)^2-3xy$
$x+y=3$，$xy=-4$ を代入して，
$3^2-3\times(-4)=9+12=21$

4 (1) n (2) ア n イ n

解説 連続する3つの整数を n, $n+1$, $n+2$ とおく。まん中の数 $n+1$ の2乗は，$(n+1)^2=n^2+2n+1$ になる。最も大きい数と最も小さい数の積に1をたした数は，$(n+2)\times n+1=n^2+2n+1$ になるので，まん中の数の2乗に等しい。

5 〔証明〕 $x=y-1$，$z=y+1$ だから，
$$y^2+xz-1=y^2+(y-1)(y+1)-1$$
$$=y^2+y^2-1-1=2y^2-2=2(y^2-1)$$
$$=2(y-1)(y+1)=2xz$$
よって，y の2乗に残りの2数の積をたして，さらに1をひいた数は，x と z を約数にもつ。

解説 連続する3つの数だから，x は $y-1$，z は $y+1$ とおくことができる。

6 〔証明〕 道の面積 S は，
$$S=b\times a\times3+\pi b^2$$
$$=3ab+\pi b^2 \cdots ①$$
道のまん中を通る線の長さ ℓ は，
$$\ell=a\times3+2\pi\times\dfrac{b}{2}=3a+\pi b$$
よって，$b\ell=3ab+\pi b^2 \cdots ②$
①，②より，$S=b\ell$ が成り立つ。

解説 道の面積 S は，縦 b m，横 a m の3つの長方形と，半径 b m，中心角が $120°$ の3つのおうぎ形の面積をあわせたもの(半径 b の円)と考えられる。また，ℓ の長さは，1辺が a m の正三角形の周の長さと半径が $\dfrac{b}{2}$ m の円の周の長さをあわせたものである。

7 3，7

解説 百の位の数が3，十の位の数が b，一の位の数が6である数は，$300+10b+6$ と表すことができる。
$$300+10b+6=300+8b+2b+4+2$$
$$=304+8b+2b+2=8(38+b)+2(b+1)$$
$38+b$ は整数だから，$8(38+b)$ は8の倍数となる。このとき，$2(b+1)$ が8の倍数となれば，$300+10b+6$ は8の倍数となる。

b は 0 から 9 までの整数だから，$b=3$, 7

1 (1) $8x^2-12xy$ (2) $20ab+28b^2$

    (3) $2x-5$ (4) $2m+8n$

解説 (1) $4x(2x-3y)=4x\times2x+4x\times(-3y)$

$=8x^2-12xy$

(2) $(5a+7b)\times4b=5a\times4b+7b\times4b$

$=20ab+28b^2$

(3) $(6x^2y-15xy)\div3xy=(6x^2y-15xy)\times\dfrac{1}{3xy}$

$=2x-5$

(4) $(m^2n+4mn^2)\div\dfrac{1}{2}mn=(m^2n+4mn^2)\times\dfrac{2}{mn}$

$=2m+8n$

2 (1) $8x^2+2xy+2x-3y^2-y$

    (2) $x^2-2x-24$ (3) $a^2-15a+56$

    (4) $x^2-14x+49$ (5) $36y^2-4$

解説 (1) $(2x-y)(4x+3y+1)$

$=2x\times4x+2x\times3y+2x\times1+(-y)\times4x$

$\quad+(-y)\times3y+(-y)\times1$

$=8x^2+6xy+2x-4xy-3y^2-y$

$=8x^2+2xy+2x-3y^2-y$

(2) $\underline{(x+a)(x+b)=x^2+(a+b)x+ab}$ を使う。

$\quad(x+4)(x-6)=x^2+\{4+(-6)\}x+4\times(-6)$

$=x^2-2x-24$

(3) $(a-8)(a-7)$

$=a^2+\{(-8)+(-7)\}a+(-8)\times(-7)$

$=a^2-15a+56$

(4) $\underline{(x-a)^2=x^2-2ax+a^2}$ を使う。

$\quad(x-7)^2=x^2-14x+49$

(5) 同じ単項式があったら，これを 1 つの文字と考え
て公式を使う。

$(6y-2)(6y+2)=(X-2)(X+2)=X^2-4$
$\qquad\underset{X}{\smile}\qquad\underset{X}{\smile}$

X を $6y$ にもどすと，$(6y)^2-4=36y^2-4$

3 (1) $-6ab-3b^2$ (2) $2x^2-11x+16$

    (3) $-3a$ (4) $5x^2+4x-6$

解説 まずは，符号に気をつけてかっこをはずす。
そして，同類項をまとめる。

(1) $(a-b)^2-(a+2b)^2$

$=a^2-2ab+b^2-(a^2+4ab+4b^2)$

$=a^2-2ab+b^2-a^2-4ab-4b^2=-6ab-3b^2$

(2) $(x-4)^2+x(x-3)=x^2-8x+16+x^2-3x$

$=2x^2-11x+16$

(3) $(a+2)(a-2)-(a-1)(a+4)$

$=a^2-4-(a^2+3a-4)=a^2-4-a^2-3a+4=-3a$

(4) $(x-1)(x+5)+(2x+1)(2x-1)$

$=x^2+4x-5+(2x)^2-1=x^2+4x-5+4x^2-1$

$=5x^2+4x-6$

4 (1) -16 (2) -1

解説 (1) $(x-y)(x-3y)-(x-2y)^2$

$=x^2-4xy+3y^2-(x^2-4xy+4y^2)$

$=x^2-4xy+3y^2-x^2+4xy-4y^2$

$=-y^2$

$y=-4$ だから，$-(-4)^2=-16$

(2) $x^2+y^2-2xy+3x-3y+1$

$=x^2-2xy+y^2+3x-3y+1$

$=(x-y)^2+3(x-y)+1$

$x-y=-2$ だから，$(-2)^2+3\times(-2)+1=-1$

5 (1) $(x+4)(x+5)$ (2) $(y-3)(y+5)$

    (3) $(7x+2)(7x-2)$ (4) $(x+20)^2$

    (5) $(3x+y)(3x-y)$ (6) $\left(\dfrac{a}{3}+2b\right)\left(\dfrac{a}{3}-2b\right)$

    (7) $(a+2)(a-7)$ (8) $2(x-2)(x-6)$

    (9) $3(x-5)^2$ (10) $\dfrac{1}{2}(x-8)^2$ $\left(\dfrac{1}{2}(8-x)^2\right)$

解説 (1) 和が 9，積が 20 になる 2 数は，4 と 5 だから，

$x^2+9x+20=(x+4)(x+5)$

(2) $y^2+2y-15=(y-3)(y+5)$

(3) $49x^2$ は $(7x)^2$，4 は 2^2 と考えて，

$49x^2-4=(7x)^2-2^2=(7x+2)(7x-2)$

(4) 400 は 20^2，$40x$ は $2\times20\times x$ だから，

$x^2+40x+400=(x+20)^2$

(5) $9x^2$ は $(3x)^2$ と考えて，

$9x^2-y^2=(3x)^2-y^2=(3x+y)(3x-y)$

(6) $\dfrac{a^2}{9}$ は $\left(\dfrac{a}{3}\right)^2$，$4b^2$ は $(2b)^2$ と考えて，

$\dfrac{a^2}{9}-4b^2=\left(\dfrac{a}{3}\right)^2-(2b)^2=\left(\dfrac{a}{3}+2b\right)\left(\dfrac{a}{3}-2b\right)$

(7) 和が -5，積が -14 になる 2 数は，2 と -7 だ
から，$a^2-5a-14=(a+2)(a-7)$

(8) $2x^2-16x+24=2(x^2-8x+12)$

$=2(x-2)(x-6)$

(9) $3x^2-30x+75=3(x^2-10x+25)=3(x-5)^2$

(10) $32-8x+\dfrac{1}{2}x^2=\dfrac{1}{2}(x^2-16x+64)=\dfrac{1}{2}(x-8)^2$

6 (1) 998001   (2) 89991   (3) 2000

解説 (1) $999^2=(1000-1)^2=1000000-2000+1$

$=998001$

(2) $297\times303=(300-3)(300+3)=90000-9$

$=89991$

(3) $501^2-499^2=(501+499)(501-499)$

$=1000\times2=2000$

7 (1)〔証明〕 連続する2つの偶数を $2n$, $2n+2$,

その間にある奇数を $2n+1$(n は整数) とおく。

$(2n+2)^2-(2n)^2=4n^2+8n+4-4n^2$

$\qquad\qquad\qquad\quad =8n+4$

$\qquad\qquad\qquad\quad =4(2n+1)$

したがって,連続する2つの偶数の2乗の差は,

2つの偶数の間にある奇数の4倍に等しい。

(2) $\pi ab-\pi b^2$ ($\pi b(a-b)$)

〔解説〕(2) $AB=2a-2b=2(a-b)$

よって,色をつけた部分の面積は,

$\dfrac{1}{2}\pi a^2-\left\{\dfrac{1}{2}\pi(a-b)^2+\dfrac{1}{2}\pi b^2\right\}=\pi ab-\pi b^2$

定期テスト予想問題② (p.26-27)

1 (1) $-8x^2+2xy-6x$　(2) $6x-\dfrac{9}{2}y$

〔解説〕(1) $-2x(4x-y+3)$

$=-2x\times4x-2x\times(-y)-2x\times3$

$=-8x^2+2xy-6x$

(2) $(4x^2-3xy)\div\dfrac{2}{3}x=(4x^2-3xy)\times\dfrac{3}{2x}$

$=6x-\dfrac{9}{2}y$

2 (1) $2a^2+6a-20$　　　(2) n^2+n-12

(3) $x^2-\dfrac{2}{3}xy+\dfrac{1}{9}y^2$

(4) $x^2+2xy+y^2-7x-7y+10$

(5) $a^2-8a+16-b^2$

〔解説〕(1) $(2a-4)(a+5)$

$=2a\times a+2a\times5+(-4)\times a+(-4)\times5$

$=2a^2+10a-4a-20=2a^2+6a-20$

(2) $(-n+3)(-n-4)$

$=(-n)^2+\{3+(-4)\}\times(-n)+3\times(-4)$

$=n^2+n-12$

(3) $(x+a)^2=x^2+2ax+a^2$ を使う。

$\left(-x+\dfrac{1}{3}y\right)^2=(-x)^2+2\times\dfrac{1}{3}y\times(-x)+\left(\dfrac{1}{3}y\right)^2$

$=x^2-\dfrac{2}{3}xy+\dfrac{1}{9}y^2$

(4) $x+y$ を M とおく。

$(x+y-2)(x+y-5)$

$=(M-2)(M-5)=M^2-7M+10$ ─── Mを$x+y$にもどす

$=(x+y)^2-7(x+y)+10$ ◀───

$=x^2+2xy+y^2-7x-7y+10$

(5) 項を入れかえて共通部分を探す。

$(a+b-4)(a-b-4)=(a-4+b)(a-4-b)$

$=(M+b)(M-b)=M^2-b^2$ ───

$=(a-4)^2-b^2=a^2-8a+16-b^2$ ───Mを$a-4$にもどす

3 (1) $5m^2-28mn-4n^2$　(2) $-x^2+10x$

(3) $3a-1$　　　　　　(4) $5a^2+6ab+2b^2$

〔解説〕(1) $5m(m-8n)+4n(3m-n)$

$=5m\times m+5m\times(-8n)+4n\times3m+4n\times(-n)$

$=5m^2-40mn+12mn-4n^2$

$=5m^2-28mn-4n^2$

(2) $\dfrac{x}{6}(12x+18)-\dfrac{x}{3}(9x-21)$

$=2x^2+3x-3x^2+7x=-x^2+10x$

(3) $(a-2)(a+5)-(a+3)(a-3)$

$=a^2+\{(-2)+5\}a+(-2)\times5-(a^2-9)$

$=a^2+3a-10-a^2+9=3a-1$

(4) $(3a+b)^2-(2a+b)(2a-b)$

$=9a^2+6ab+b^2-(4a^2-b^2)$

$=9a^2+6ab+b^2-4a^2+b^2$

$=5a^2+6ab+2b^2$

4 (1) $3xy(x-5y-3)$　　(2) $(x+4y)^2$

(3) $(x-8y)(x+9y)$　　(4) $(3m-4n)^2$

(5) $2q(3p-1)^2$　　　(6) $(x+y)(x+y-1)$

〔解説〕(1) $3x^2y-15xy^2-9xy=3xy(x-5y-3)$

(2) $x^2+8xy+16y^2=(x+4y)^2$

(3) $x^2+xy-72y^2=(x-8y)(x+9y)$

(4) $9m^2=(3m)^2$, $16n^2=(4n)^2$, $24mn=2\times4n\times3m$

だから,

$\quad 9m^2-24mn+16n^2=(3m)^2-2\times4n\times3m+(4n)^2$

$=(3m-4n)^2$

(5) $18p^2q-12pq+2q=2q(9p^2-6p+1)$

$=2q(3p-1)^2$

(6) $x^2+y^2-x-y+2xy$

$=x^2+2xy+y^2-x-y=\underline{(x+y)^2}-\underline{(x+y)}$

$=(x+y)(x+y-1)$

5 (1) 39991　(2) 0.24　(3) 1　(4) 10000

〔解説〕(1) $197\times203=(200-3)(200+3)$

$=40000-9=39991$

(2) $0.62^2-0.38^2=(0.62+0.38)(0.62-0.38)$

$=1\times0.24=0.24$

(3) $(a-b)^2-(a+b)^2=a^2-2ab+b^2-(a^2+2ab+b^2)$

$=a^2-2ab+b^2-a^2-2ab-b^2=-4ab$

$a=\dfrac{3}{4}$, $b=-\dfrac{1}{3}$ を代入して,$-4\times\dfrac{3}{4}\times\left(-\dfrac{1}{3}\right)=1$

(4) $x^2-12x+36=(x-6)^2$

$x=106$ を代入して,$(106-6)^2=100^2=10000$

6 〔証明〕 連続する3つの整数を $n-1$, n,

$n+1$ とすると,

$(n-1)^2+n^2+(n+1)^2$

$=n^2-2n+1+n^2+n^2+2n+1=3n^2+2$

n^2 は整数だから，$3n^2+2$ を3でわると商は n^2，余りは2になる。

よって，連続する3つの整数では，それぞれの2乗の和を3でわった余りは2になる。

解説 連続する3つの整数を，$\underline{n-1,\ n,\ n+1}$ とおいて，数量の関係を表す。

7 (1) $6\pi x^2+12\pi xy\,(\mathrm{cm}^3)$ $(6\pi x(x+2y)\,(\mathrm{cm}^3))$

(2) 〔証明〕長方形 ABCD の面積は，$S=6x$

点 O がえがく線は，半径が $\dfrac{1}{2}x+y\,(\mathrm{cm})$ の円

の周だから，$T=2\pi\times\left(\dfrac{1}{2}x+y\right)=\pi x+2\pi y$

よって，

$ST=6x(\pi x+2\pi y)=6\pi x^2+12\pi xy$

(1)より，$V=6\pi x^2+12\pi xy$ だから，

$V=ST$ となる。

解説 (1) $\pi\times(x+y)^2\times 6-\pi\times y^2\times 6$

$=6\pi x^2+12\pi xy\,(\mathrm{cm}^3)$

---

1 平方根 / 近似値と有効数字

Step 1 基礎力チェック問題 （p.28-29）

1 (1) 3，-3 （± 3）　　(2) 8，-8 （± 8）

(3) $\dfrac{2}{5}$，$-\dfrac{2}{5}$ $\left(\pm\dfrac{2}{5}\right)$　　(4) 0.1，-0.1 （± 0.1）

解説 正の数 a の平方根は，$\sqrt{a}$ と $-\sqrt{a}$ の2つがあり，絶対値が等しく符号が異なる。

(1)の $\pm\sqrt{9}$ のように平方根の根号の中の数が平方数（整数を2乗した数）であるときは，根号のつかない数にしておく。

2 (1)$\pm\sqrt{3}$　(2)$\pm\sqrt{19}$　(3)$\pm\sqrt{\dfrac{5}{7}}$　(4)$\pm\sqrt{\dfrac{2}{21}}$

解説 正の数 a の平方根のうち，正のものが $\sqrt{a}$，負のものが $-\sqrt{a}$ で，この2つをまとめて $\pm\sqrt{a}$ と書くことができる。

3 (1)6　(2)-9　(3)$\dfrac{3}{7}$　(4)-0.5

解説 (1)2乗して36になる数を見つける。$\sqrt{36}$ は，36の平方根のうち正のほうを表す。

(4)1より小さい数の平方根は，その絶対値がもとの数の絶対値より大きくなる。また，-0.05 としないように注意すること。

4 (1)7　(2)-0.1　(3)$\dfrac{5}{13}$　(4)9

解説 2乗すると $a\,(a>0)$ になる数が $\sqrt{a}$，$-\sqrt{a}$ だから，$(\sqrt{a})^2=a$，$(-\sqrt{a})^2=a$

(1)$\sqrt{a^2}=a\,(a>0)$ だから，$\sqrt{7^2}=7$

(3)$(\sqrt{a})^2=a\,(a>0)$ だから，$\left(\sqrt{\dfrac{5}{13}}\right)^2=\dfrac{5}{13}$

5 (1)$\sqrt{65}>8$　(2)$-3<-\sqrt{8}$

解説 $\sqrt{\ }$ のついた数とついていない数を比べるときは，それぞれを2乗して比べる。

(1)$(\sqrt{65})^2=65$，$8^2=64$ で，$65>64$ だから，$\sqrt{65}>8$

6 (1)2.236　(2)2.646

解説 (1)電卓で 5 →$\sqrt{\ }$ の順に押すと，2.2360…と表示される。小数第4位を四捨五入して答えを求める。

7 ア，ウ，エ

解説 分数の形で表せる数が有理数，表せない数が無理数である。エは，$-\dfrac{\sqrt{9}}{2}=-\dfrac{3}{2}$ で有理数。

8 (1)$42.5\leqq a<43.5$

(2)① 10 L の位　　② 1000 km の位

解説 (1) 小数第1位を四捨五入して43になったのだから, $42.5 \leqq a < 43.5$

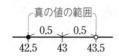

真の値の範囲
0.5　0.5
42.5　43　43.5

(2) 有効数字の最後の位の数に目をつける。

① 4.78×10^3 L より, 有効数字は 4, 7, 8

4.78×10^3 L ⇨ 4780 L　有効数字の最後の数は8だから, 10 L の位まで測定したものである。

② 5.30×10^5 km より, 有効数字は 5, 3, 0

5.30×10^5 km ⇨ 530000 km　有効数字の最後の数は 0 だから, 1000 km の位まで測定したものである。

Step 2 実力完成問題　(p.30-31)

1 (1) ± 30　(2) ± 0.9　(3) $\pm\dfrac{4}{11}$　(4) 0

解説 (2) $0.9^2 = 0.81$, $(-0.9)^2 = 0.81$ だから, 0.81 の平方根は 0.9 と -0.9 である。1 より小さい数の平方根に気をつけること。

(4) 0 の平方根は 0 だけである。

2 (1) 20　(2) 13　(3) ○　(4) 12

解説 $\sqrt{a}$ は a の正のほうの平方根, $-\sqrt{a}$ は a の負のほうの平方根である。

(1) $\sqrt{400} = \sqrt{20^2} = 20$

(2) $\sqrt{(-13)^2} = \sqrt{169} = 13$

(4) $(-\sqrt{6})^2 + 6 = 6 + 6 = 12$

3 (1) $20 > \sqrt{300}$　(2) $\sqrt{\dfrac{2}{5}} < \dfrac{2}{3}$

(3) $-\sqrt{130} > -12$　(4) $-\sqrt{50} < -7 < -\sqrt{45}$

解説 〈数の大小を比べるときの注意点〉

① 正の数どうし→絶対値の大きい数ほど大きい。

② 負の数<0<正の数

③ 負の数どうし→絶対値の大きい数ほど小さい。

$\sqrt{}$ のついた数を比べる場合は, 符号に注意して2乗してみるか, $\sqrt{}$ のついていない数を $\sqrt{}$ の中に入れて, その数どうしを比べる。

(1) $20^2 = 400$, $(\sqrt{300})^2 = 300$ で, $400 > 300$ だから, $20 > \sqrt{300}$

(2) $\left(\sqrt{\dfrac{2}{5}}\right)^2 = \dfrac{2}{5}$, $\left(\dfrac{2}{3}\right)^2 = \dfrac{4}{9}$ で, 通分して比べると, $\dfrac{2}{5} = \dfrac{18}{45}$, $\dfrac{4}{9} = \dfrac{20}{45}$ より, $\dfrac{2}{5} < \dfrac{4}{9}$ だから, $\sqrt{\dfrac{2}{5}} < \dfrac{2}{3}$

(3) $(\sqrt{130})^2 = 130$, $12^2 = 144$ で, $130 < 144$ だから, $\sqrt{130} < 12$　よって, $-\sqrt{130} > -12$

> **ミス対策** 負の数どうしでは, 絶対値の大きい数ほど小さくなる。
> $\sqrt{a} > \sqrt{b}$ ならば, $-\sqrt{a} < -\sqrt{b}$

(4) $-7 = -\sqrt{49}$ より, $-\sqrt{50} < -\sqrt{49} < -\sqrt{45}$ だから, $-\sqrt{50} < -7 < -\sqrt{45}$

4 (1) $-\sqrt{10}$, -3, 0, $\sqrt{3}$, 2

(2) -2.5, $-\sqrt{6}$, $\sqrt{2}$, 1.5, $\sqrt{2.5}$

解説 (1) 正の数と負の数に分けて考える。

$(\sqrt{10})^2 = 10$, $3^2 = 9$ で, $10 > 9$ だから, $-\sqrt{10} < -3$

また, $2^2 = 4$, $(\sqrt{3})^2 = 3$ で, $4 > 3$ だから, $2 > \sqrt{3}$

(2) $(\sqrt{6})^2 = 6$, $2.5^2 = 6.25$ で, $6 < 6.25$ だから, $-\sqrt{6} > -2.5$

また, $1.5^2 = 2.25$ だから, $\sqrt{2} < 1.5 < \sqrt{2.5}$

5 (1) 3.162　(2) 6.325

(3) 8.050　(4) 8.888

解説 次の順に, 電卓のキーを押す。

(1) $\boxed{1} \to \boxed{0} \to \boxed{\sqrt{}}$ ➡ $3.1622\cdots$

(2) $\boxed{4} \to \boxed{0} \to \boxed{\sqrt{}}$ ➡ $6.3245\cdots$

(3) $\boxed{6} \to \boxed{4} \to \boxed{\cdot} \to \boxed{8} \to \boxed{\sqrt{}}$ ➡ $8.0498\cdots$

小数第4位を四捨五入したとき 8.05 となるが, 小数第3位までとあるから, 8.050 とするのが正しい。

(4) $\boxed{7} \to \boxed{9} \to \boxed{\sqrt{}}$ ➡ $8.8881\cdots$

6 (1) 5　(2) $a = 5, 6, 7, 8$

(3) $a = 1, 8, 13, 16$　(4) $a = 7$

解説 (3), (4)は, $\sqrt{}$ の中の数が平方数 (整数を2乗した数) になればよい。

(1) 求める整数を n とすると, $\sqrt{20} < n < \sqrt{30}$ より, $(\sqrt{20})^2 < n^2 < (\sqrt{30})^2$, $20 < n^2 < 30$ だから, $n = 5$

(2) $2 < \sqrt{a} < 3$ より, $2^2 < (\sqrt{a})^2 < 3^2$, $4 < a < 9$ だから, $a = 5, 6, 7, 8$

(3) 1 から順に自然数をあてはめていく。

$a = 1$ のとき, $\sqrt{17-1} = \sqrt{16} = 4$

$a = 8$ のとき, $\sqrt{17-8} = \sqrt{9} = 3$

$a = 13$ のとき, $\sqrt{17-13} = \sqrt{4} = 2$

$a = 16$ のとき, $\sqrt{17-16} = \sqrt{1} = 1$

(4) 63 を素因数分解すると, $63 = 3^2 \times 7$

$\sqrt{63a} = \sqrt{3^2 \times 7 \times a}$ より, $a = 7$ のとき, $\sqrt{3^2 \times 7 \times 7} = \sqrt{3^2 \times 7^2} = \sqrt{(3 \times 7)^2} = \sqrt{21^2} = 21$

7 A $-\sqrt{25}$　B $-\sqrt{8}$　C 1.5

D $\dfrac{10}{3}$　E $\sqrt{20}$

解説 A は $-5 = -\sqrt{25}$

点 B の表す数を $-\sqrt{b}$ とすると, $-3 < -\sqrt{b} < -2$, $3 > \sqrt{b} > 2$, $3^2 > (\sqrt{b})^2 > 2^2$, $9 > b > 4$ より, B は $-\sqrt{8}$

点 E の表す数を $\sqrt{e}$ とすると, $4 < \sqrt{e} < 5$, $4^2 < (\sqrt{e})^2 < 5^2$, $16 < e < 25$ より, E は $\sqrt{20}$

⑧ (1) 7.0×10 mm　　(2) 3.89×10^3 g

解説 (1) 1 mm の位まで測定したのだから，有効数字は 7，0

したがって，70 mm＝7.0×10 mm

> ミス対策 有効数字 0 を省略して，7×10 mm と答えてはいけない。これでは，有効数字が 7 の 1 けたとなり，10 mm の位までしか測定していないことになってしまう。

(2) 10 g の位まで測定したのだから，有効数字は 3, 8, 9
したがって，3890 g＝3.89×1000 g＝3.89×10^3 g

⑨ $\dfrac{1}{6}$

解説 目の出方は全部で 36 通りある。

$4 < \sqrt{ab} < 5$ より，$4^2 < ab < 5^2$，$16 < ab < 25$

これを満たす ab の組み合わせは，$(a,\ b) = (3,\ 6)$，$(4,\ 5)$，$(4,\ 6)$，$(5,\ 4)$，$(6,\ 3)$，$(6,\ 4)$ の 6 通りなので，$4 < \sqrt{ab} < 5$ となる確率は，$\dfrac{6}{36} = \dfrac{1}{6}$

2　根号をふくむ式の計算

Step 1　基礎力チェック問題　(p.32-33)

① (1) $\sqrt{6}$　(2) $-\sqrt{42}$　(3) $\sqrt{3}$　(4) $\sqrt{5}$

解説 a，b が正の数のとき，

$$\sqrt{a} \times \sqrt{b} = \sqrt{ab}, \quad \sqrt{a} \div \sqrt{b} = \sqrt{\dfrac{a}{b}}$$

(1) $\sqrt{3} \times \sqrt{2} = \sqrt{3 \times 2} = \sqrt{6}$

(2) $\sqrt{6} \times (-\sqrt{7}) = -\sqrt{6 \times 7} = -\sqrt{42}$

(3) $\sqrt{18} \div \sqrt{6} = \sqrt{\dfrac{18}{6}} = \sqrt{3}$

(4) $\dfrac{\sqrt{15}}{\sqrt{3}} = \sqrt{\dfrac{15}{3}} = \sqrt{5}$

② (1) $\sqrt{28}$　(2) $\sqrt{\dfrac{10}{9}}$

解説 根号の外の数は必ず 2 乗してから根号の中に入れる。

(1) $2\sqrt{7} = \sqrt{2^2 \times 7} = \sqrt{28}$

(2) $\dfrac{\sqrt{10}}{3} = \dfrac{\sqrt{10}}{\sqrt{3^2}} = \sqrt{\dfrac{10}{9}}$

③ (1) $2\sqrt{5}$　(2) $\dfrac{\sqrt{5}}{4}$

解説 $\sqrt{\ }$ の中を素因数分解して，2 乗の因数を見つける。

(1) $\sqrt{20} = \sqrt{2^2 \times 5} = 2\sqrt{5}$

(2) $\sqrt{\dfrac{5}{16}} = \dfrac{\sqrt{5}}{\sqrt{4^2}} = \dfrac{\sqrt{5}}{4}$

④ (1) $\dfrac{\sqrt{2}}{2}$　(2) $\dfrac{5\sqrt{7}}{7}$　(3) $\dfrac{\sqrt{6}}{3}$　(4) $\dfrac{3\sqrt{5}}{10}$

解説 分母に $\sqrt{\ }$ をふくむ数は，分母と分子に同じ数をかけて，分母に $\sqrt{\ }$ をふくまない数に変えることができる。これを，分母を有理化するという。

$$\dfrac{a}{\sqrt{b}} = \dfrac{a \times \sqrt{b}}{\sqrt{b} \times \sqrt{b}} = \dfrac{a\sqrt{b}}{b}$$

(1) $\dfrac{1}{\sqrt{2}} = \dfrac{1 \times \sqrt{2}}{\sqrt{2} \times \sqrt{2}} = \dfrac{\sqrt{2}}{2}$

(2) $\dfrac{5}{\sqrt{7}} = \dfrac{5 \times \sqrt{7}}{\sqrt{7} \times \sqrt{7}} = \dfrac{5\sqrt{7}}{7}$

(3) $\dfrac{2}{\sqrt{6}} = \dfrac{2 \times \sqrt{6}}{\sqrt{6} \times \sqrt{6}} = \dfrac{2\sqrt{6}}{6} = \dfrac{\sqrt{6}}{3}$

(4) $\dfrac{3}{2\sqrt{5}} = \dfrac{3 \times \sqrt{5}}{2\sqrt{5} \times \sqrt{5}} = \dfrac{3\sqrt{5}}{10}$

⑤ (1) 4.242　(2) 7.07　(3) 8.944　(4) 0.2236

解説 (1) $\sqrt{18} = 3\sqrt{2} = 3 \times \underline{1.414} = 4.242$

(2) $\sqrt{50} = 5\sqrt{2} = 5 \times \underline{1.414} = 7.07$

(3) $\sqrt{80} = 4\sqrt{5} = 4 \times \underline{2.236} = 8.944$

(4) $\dfrac{1}{\sqrt{20}} = \dfrac{1}{2\sqrt{5}} = \dfrac{\sqrt{5}}{10} = \dfrac{2.236}{10} = 0.2236$

⑥ (1) $11\sqrt{3}$　(2) $6\sqrt{2}$　(3) $2\sqrt{10}$　(4) $\sqrt{3}$

解説 $m\sqrt{a} \pm n\sqrt{a} = (m \pm n)\sqrt{a}$

(1) $6\sqrt{3} + 5\sqrt{3} = (6+5)\sqrt{3} = 11\sqrt{3}$

(2) $4\sqrt{2} + \sqrt{8} = 4\sqrt{2} + 2\sqrt{2} = (4+2)\sqrt{2} = 6\sqrt{2}$

(3) $3\sqrt{10} - \sqrt{10} = (3-1)\sqrt{10} = 2\sqrt{10}$

(4) $\sqrt{27} - \sqrt{12} = 3\sqrt{3} - 2\sqrt{3} = (3-2)\sqrt{3} = \sqrt{3}$

⑦ (1) $6 + 3\sqrt{6}$　　(2) $6\sqrt{6}$

　(3) $21 + 8\sqrt{5}$　　(4) -15

解説 根号をふくむ式も，分配法則や乗法公式を利用して計算する。

(1) $\sqrt{6}(\sqrt{6} + 3) = \sqrt{6} \times \sqrt{6} + \sqrt{6} \times 3 = 6 + 3\sqrt{6}$

(2) $4\sqrt{30} \div \sqrt{5} + \sqrt{2} \times 2\sqrt{3} = 4\sqrt{6} + 2\sqrt{6} = 6\sqrt{6}$

(3) $(\sqrt{5} + 4)^2 = (\sqrt{5})^2 + 2 \times 4 \times \sqrt{5} + 4^2$
$\qquad = 5 + 8\sqrt{5} + 16 = 21 + 8\sqrt{5}$

(4) $(3\sqrt{2} + \sqrt{3})(\sqrt{3} - \sqrt{18})$
$= (\sqrt{3} + 3\sqrt{2})(\sqrt{3} - 3\sqrt{2}) = (\sqrt{3})^2 - (3\sqrt{2})^2$
$= 3 - 18 = -15$

Step 2　実力完成問題　(p.34-35)

① (1) $2\sqrt{42}$　(2) $210\sqrt{2}$　(3) -6　(4) $2\sqrt{2}$

解説 (1) $2\sqrt{14} \times \sqrt{\dfrac{21}{7}} = 2\sqrt{14} \times \sqrt{3}$

$= 2\sqrt{14 \times 3} = 2\sqrt{42}$

(2) $(-3\sqrt{35}) \times (-2\sqrt{70})$

$= (-3) \times (-2) \times \sqrt{35 \times 35 \times 2}$

$= 6 \times 35 \times \sqrt{2} = 210\sqrt{2}$

(3) $(3\sqrt{2})^2 \div (-3) = 18 \div (-3) = -6$

(4) $8\sqrt{42} \div 4\sqrt{7} \div \sqrt{3} = \dfrac{8 \times \sqrt{6} \times \sqrt{7}}{4 \times \sqrt{7} \times \sqrt{3}} = \dfrac{2\sqrt{6}}{\sqrt{3}} = 2\sqrt{2}$

2 (1) $-\sqrt{32}$ (2) $\sqrt{3}$ (3) $4\sqrt{5}$ (4) $\dfrac{\sqrt{7}}{100}$

解説 (1) $-4\sqrt{2} = -\sqrt{4^2 \times 2} = -\sqrt{32}$

(2) $\dfrac{\sqrt{27}}{3} = \dfrac{3\sqrt{3}}{3} = \sqrt{3}$

(3) $\sqrt{80} = \sqrt{4^2 \times 5} = 4\sqrt{5}$

(4) $\sqrt{0.0007} = \sqrt{\dfrac{7}{10000}} = \sqrt{\dfrac{7}{100^2}} = \dfrac{\sqrt{7}}{100}$

3 (1) $\dfrac{\sqrt{15}}{5}$ (2) $\dfrac{2\sqrt{2}}{3}$ (3) $\sqrt{3}$ (4) $\sqrt{14}$

解説 (1) $\dfrac{\sqrt{3}}{\sqrt{5}} = \dfrac{\sqrt{3} \times \sqrt{5}}{\sqrt{5} \times \sqrt{5}} = \dfrac{\sqrt{15}}{5}$

(2) $\dfrac{4}{3\sqrt{2}} = \dfrac{4 \times \sqrt{2}}{3\sqrt{2} \times \sqrt{2}} = \dfrac{4\sqrt{2}}{3 \times 2} = \dfrac{2\sqrt{2}}{3}$

(3) $\dfrac{6}{\sqrt{12}} = \dfrac{6}{2\sqrt{3}} = \dfrac{3}{\sqrt{3}} = \dfrac{3 \times \sqrt{3}}{\sqrt{3} \times \sqrt{3}} = \dfrac{3\sqrt{3}}{3} = \sqrt{3}$

(4) $\dfrac{4\sqrt{7}}{\sqrt{8}} = \dfrac{4\sqrt{7}}{2\sqrt{2}} = \dfrac{2\sqrt{7}}{\sqrt{2}} = \dfrac{2\sqrt{7} \times \sqrt{2}}{\sqrt{2} \times \sqrt{2}} = \dfrac{2\sqrt{14}}{2} = \sqrt{14}$

4 (1) $\sqrt{10}$ (2) $-\sqrt{5}$ (3) $5\sqrt{3}$ (4) $\dfrac{8}{11}$

解説 $\sqrt{a \times b}$ を $\sqrt{a} \times \sqrt{b}$ としてから，約分できるものは約分する。最後に分母を有理化するのも忘れないこと。

(1) $\sqrt{2} \times \sqrt{15} \div \sqrt{3} = \dfrac{\sqrt{2} \times \sqrt{3} \times \sqrt{5}}{\sqrt{3}} = \sqrt{10}$

(2) $\dfrac{5\sqrt{2}}{2} \div (-\sqrt{20}) \times \sqrt{8} = -\dfrac{5\sqrt{2} \times 2\sqrt{2}}{2 \times 2\sqrt{5}}$

$= -\dfrac{5}{\sqrt{5}} = -\dfrac{5 \times \sqrt{5}}{\sqrt{5} \times \sqrt{5}} = -\dfrac{5\sqrt{5}}{5} = -\sqrt{5}$

(3) $\dfrac{5}{\sqrt{3}} \times \sqrt{18} \div \sqrt{2} = \dfrac{5 \times 3\sqrt{2}}{\sqrt{3} \times \sqrt{2}} = \dfrac{15}{\sqrt{3}}$

$= \dfrac{15 \times \sqrt{3}}{\sqrt{3} \times \sqrt{3}} = \dfrac{15\sqrt{3}}{3} = 5\sqrt{3}$

(4) $\dfrac{4}{\sqrt{5}} \div \dfrac{3}{\sqrt{20}} \times \dfrac{6}{\sqrt{11}} \div 2\sqrt{11}$

$= \dfrac{4 \times 2\sqrt{5} \times 6}{\sqrt{5} \times 3 \times \sqrt{11} \times 2\sqrt{11}} = \dfrac{8}{11}$

5 (1) $\sqrt{15}$ cm (2) 4 cm

解説 (1)求める正方形の1辺の長さを x cm とすると，$x^2 = 5 \times 3$，$x^2 = 15$，$x = \pm\sqrt{15}$ $x > 0$ より，$x = \sqrt{15}$

> ミス対策 $x^2 = 15$ より，$x = \pm\sqrt{15}$ として，$\pm\sqrt{15}$ cm としないこと。正方形の1辺の長さは正の数なので，$\sqrt{15}$ cm

(2)2つの円の面積の差は，

$\pi \times 5^2 - \pi \times 3^2 = 25\pi - 9\pi = 16\pi$ (cm²)

求める円の半径を x cm とすると，

$\pi x^2 = 16\pi$，$x^2 = 16$，$x = \pm 4$ $x > 0$ より，$x = 4$

6 (1) $2\sqrt{5}$ (2) $-\dfrac{7\sqrt{2}}{2}$ (3) $\sqrt{2} - \sqrt{3}$ (4) $3\sqrt{3}$

解説 (1) $\sqrt{5} + 2\sqrt{20} - \sqrt{45}$

$= \sqrt{5} + 4\sqrt{5} - 3\sqrt{5} = 2\sqrt{5}$

(2) $\dfrac{1}{\sqrt{2}} + \sqrt{18} - 7\sqrt{2} = \dfrac{\sqrt{2}}{2} + 3\sqrt{2} - 7\sqrt{2}$

$= \dfrac{\sqrt{2} + 6\sqrt{2} - 14\sqrt{2}}{2} = -\dfrac{7\sqrt{2}}{2}$

(3) $\sqrt{8} - 2\sqrt{12} - \dfrac{2}{\sqrt{2}} + \sqrt{27}$

$= 2\sqrt{2} - 4\sqrt{3} - \dfrac{2\sqrt{2}}{2} + 3\sqrt{3} = \sqrt{2} - \sqrt{3}$

(4) $\sqrt{20} - 2\sqrt{3} + \sqrt{75} - \dfrac{10}{\sqrt{5}}$

$= 2\sqrt{5} - 2\sqrt{3} + 5\sqrt{3} - \dfrac{10\sqrt{5}}{5} = 3\sqrt{3}$

乗法・除法と異なり，加法・減法は $\sqrt{}$ の中の数の和や差を計算してはいけない。$\underline{\sqrt{2} - \sqrt{3}}$ などは，これ以上簡単な形にはならない。

7 (1) 4 (2) $5\sqrt{2}$ (3) $-15 - 3\sqrt{10}$ (4) 5

解説 根号の中の数をできるだけ小さくして，計算する。根号がついた数の計算も，数や文字の式と同様に，かっこの中→乗法・除法→加法・減法の順に計算する。

(1) $\sqrt{32} - \sqrt{2}(4 - \sqrt{8}) = 4\sqrt{2} - \sqrt{2}(4 - 2\sqrt{2})$

$= 4\sqrt{2} - 4\sqrt{2} + 4 = 4$

(2) $\sqrt{8} - \sqrt{3} \times \sqrt{6} + 6\sqrt{6} \div \sqrt{3}$

$= 2\sqrt{2} - 3\sqrt{2} + 6\sqrt{2} = 5\sqrt{2}$

(3) $(\sqrt{5} - \sqrt{50})(\sqrt{5} + \sqrt{8})$

$= (\sqrt{5} - 5\sqrt{2})(\sqrt{5} + 2\sqrt{2})$

$= (\sqrt{5})^2 + (-5\sqrt{2} + 2\sqrt{2}) \times \sqrt{5} - 5\sqrt{2} \times 2\sqrt{2}$

$= 5 - 3\sqrt{10} - 20 = -15 - 3\sqrt{10}$

(4) $(\sqrt{3} + \sqrt{2})^2 - \sqrt{24}$

$= (\sqrt{3})^2 + 2 \times \sqrt{2} \times \sqrt{3} + (\sqrt{2})^2 - 2\sqrt{6}$

$= 3 + 2\sqrt{6} + 2 - 2\sqrt{6} = 5$

8 (1) 5 (2) $8\sqrt{2}$

解説 式を変形して，代入しやすい形にする。

(1) $x^2 + 4x + 4 = (x+2)^2 = (\sqrt{5} - 2 + 2)^2 = (\sqrt{5})^2 = 5$

(2) $x + y = 2 + \sqrt{2} + 2 - \sqrt{2} = 4$,

$x - y = 2 + \sqrt{2} - 2 + \sqrt{2} = 2\sqrt{2}$ を利用する。

$x^2 - y^2 = (x+y)(x-y) = 4 \times 2\sqrt{2} = 8\sqrt{2}$

9 (1) $-3 + \sqrt{2}$ (2) 0

解説 (1) $\dfrac{6 - \sqrt{18}}{\sqrt{2}} + \sqrt{2}(1 + \sqrt{3})(1 - \sqrt{3})$

$= \dfrac{(6 - 3\sqrt{2}) \times \sqrt{2}}{\sqrt{2} \times \sqrt{2}} + \sqrt{2}(1 - 3)$

$= \dfrac{6\sqrt{2} - 6}{2} + \sqrt{2} \times (-2)$

$= 3\sqrt{2} - 3 - 2\sqrt{2} = -3 + \sqrt{2}$

(2) $\left(\dfrac{-1+\sqrt{5}}{2}\right)^2+\dfrac{-1+\sqrt{5}}{2}-1$

$=\dfrac{(-1+\sqrt{5})^2}{2^2}+\dfrac{-1+\sqrt{5}}{2}-1$

$=\dfrac{6-2\sqrt{5}}{4}+\dfrac{-1+\sqrt{5}}{2}-1$

$=\dfrac{6-2\sqrt{5}-2+2\sqrt{5}-4}{4}=0$

定期テスト予想問題① (p.36-37)

1 (1) ± 8 (2) $\pm\sqrt{7}$ (3) ± 0.3

解説 正の数 a の平方根は $\sqrt{a}$ と $-\sqrt{a}$ の 2 つある。
(3) $0.3^2=0.09$, $(-0.3)^2=0.09$ だから, 0.09 の平方根
は 0.3 と -0.3。± 0.03 としないこと。

2 (1) 13 (2) -7 (3) $\dfrac{3}{10}$

解説 2 乗して, それぞれの根号の中の数になるもの
を見つける。
(2) $-\sqrt{49}$ は, 49 の平方根のうちの負のほうを表し
ている。
(3) $\sqrt{\dfrac{9}{100}}=\sqrt{\dfrac{3^2}{10^2}}=\dfrac{\sqrt{3^2}}{\sqrt{10^2}}=\dfrac{3}{10}$

3 (1) $\dfrac{\sqrt{2}}{3}<\dfrac{1}{\sqrt{3}}<\dfrac{2}{3}$ (2) $-\sqrt{26}<-5<-\sqrt{23}$

解説 根号のついた数の大小は, 正の数では, それぞ
れの数を 2 乗して根号をふくまない数として比べる。
a, b が正の数のとき, $a>b$ ならば, $\sqrt{a}>\sqrt{b}$
(1) $\left(\dfrac{2}{3}\right)^2=\dfrac{4}{9}$, $\left(\dfrac{\sqrt{2}}{3}\right)^2=\dfrac{2}{9}$, $\left(\dfrac{1}{\sqrt{3}}\right)^2=\dfrac{1}{3}=\dfrac{3}{9}$ で,

$\dfrac{2}{9}<\dfrac{3}{9}<\dfrac{4}{9}$ だから, $\dfrac{\sqrt{2}}{3}<\dfrac{1}{\sqrt{3}}<\dfrac{2}{3}$
(2) $5^2=25$ で, $23<25<26$ だから, $\sqrt{23}<5<\sqrt{26}$
負の数どうしは絶対値が大きいほど小さいので,
$-\sqrt{26}<-5<-\sqrt{23}$

4 (1) 0.05477 (2) 173.2

解説 小数点を基準に 2 けたずつ区切ってみるとわ
かりやすい。
(1) $\sqrt{0.003}=\sqrt{\dfrac{30}{10000}}=\sqrt{\dfrac{30}{100^2}}=\dfrac{\sqrt{30}}{100}$

$=\dfrac{5.477}{100}=0.05477$

(2) $\sqrt{30000}=\sqrt{3\times 10000}=\sqrt{3\times 100^2}$
$=\sqrt{3}\times 100=1.732\times 100=173.2$

5 イ, カ

解説 分数の形で表せない数が無理数である。根号
がついているからといって, すぐに無理数と判断し
てはいけない。

エは, $\sqrt{0.16}=0.4$ オは, $-\dfrac{\sqrt{25}}{3}=-\dfrac{5}{3}$
と変形できるので, 有理数である。

6 (1) 100 g の位 (2) 10000 m² の位

解説 (1) 6.34×10^4 g より, 有効数字は 6, 3, 4
6.34×10^4 g ⇨ 6$\underline{3}$400 g 有効数字の最後の数は 4 だ
から, 100 g の位まで測定したものである。
(2) 2.80×10^6 m² より, 有効数字は 2, 8, 0
2.80×10^6 m² ⇨ 28$\underline{0}$0000 m² 有効数字の最後の数は
0 だから, 10000 m² の位まで測定したものである。

7 (1) $60\sqrt{15}$ (2) $-\dfrac{\sqrt{6}}{4}$ (3) $5\sqrt{2}$ (4) $\dfrac{\sqrt{2}}{2}$

解説 (1) $5\sqrt{6}\times 6\sqrt{10}=5\times 6\times\sqrt{2\times 3\times 2\times 5}$
$=30\times 2\times\sqrt{15}=60\sqrt{15}$
(2) $\sqrt{72}\div(-\sqrt{24})\div 2\sqrt{2}$
$=6\sqrt{2}\div(-2\sqrt{6})\div 2\sqrt{2}$

$=-\dfrac{6\sqrt{2}}{2\sqrt{6}\times 2\sqrt{2}}=-\dfrac{3}{2\sqrt{6}}$

$=-\dfrac{3\times\sqrt{6}}{2\sqrt{6}\times\sqrt{6}}=-\dfrac{3\sqrt{6}}{12}=-\dfrac{\sqrt{6}}{4}$

(3) $2\sqrt{18}+\sqrt{32}-\sqrt{50}$
$=6\sqrt{2}+4\sqrt{2}-5\sqrt{2}=5\sqrt{2}$
(4) $\dfrac{3}{\sqrt{2}}-\dfrac{\sqrt{18}}{3}=\dfrac{3\sqrt{2}}{2}-\dfrac{3\sqrt{2}}{3}=\dfrac{3\sqrt{2}}{2}-\sqrt{2}$

$=\dfrac{3\sqrt{2}-2\sqrt{2}}{2}=\dfrac{\sqrt{2}}{2}$

8 (1) $2\sqrt{2}$ (2) $-\sqrt{2}+\sqrt{6}$ (3) $1-\sqrt{2}$
   (4) $1+5\sqrt{3}$ (5) 11 (6) 8

解説 (1) $\sqrt{2}-\sqrt{3}\times\sqrt{6}+\sqrt{32}$
$=\sqrt{2}-3\sqrt{2}+4\sqrt{2}=2\sqrt{2}$
(2) $2\sqrt{2}-\sqrt{3}(\sqrt{6}-\sqrt{2})$
$=2\sqrt{2}-3\sqrt{2}+\sqrt{6}=-\sqrt{2}+\sqrt{6}$
(3) $(\sqrt{3}-\sqrt{6})\times\dfrac{1}{\sqrt{3}}=\dfrac{\sqrt{3}}{\sqrt{3}}-\dfrac{\sqrt{6}}{\sqrt{3}}=1-\sqrt{2}$
(4) $\dfrac{\sqrt{45}-\sqrt{20}}{\sqrt{5}}+\sqrt{75}=\dfrac{3\sqrt{5}-2\sqrt{5}}{\sqrt{5}}+5\sqrt{3}$

$=\dfrac{\sqrt{5}}{\sqrt{5}}+5\sqrt{3}=1+5\sqrt{3}$

(5) $(3\sqrt{3}+4)(3\sqrt{3}-4)=(3\sqrt{3})^2-4^2$
$=27-16=11$
(6) $(\sqrt{5}+\sqrt{3})^2-\sqrt{60}$
$=(\sqrt{5})^2+2\times\sqrt{3}\times\sqrt{5}+(\sqrt{3})^2-2\sqrt{15}$
$=5+2\sqrt{15}+3-2\sqrt{15}=8$
<u>√ をふくむ式の計算では, つねに √ の中の数を
小さくすることを考える。</u>√ の中の数を小さくす
ると計算が楽になるから, ミスも減る。

9 (1) -33 (2) 4

解説 代入しやすい形に式を変形してから計算する。

(1) $x^2+8x-20=(x-2)(x+10)$
$=(\sqrt{3}-4-2)(\sqrt{3}-4+10)$
$=(\sqrt{3}-6)(\sqrt{3}+6)$
$=(\sqrt{3})^2-6^2=3-36=-33$

(2) $x^2y-xy^2=xy(x-y)$
$=(\sqrt{5}+2)(\sqrt{5}-2)(\sqrt{5}+2-\sqrt{5}+2)$
$=\{(\sqrt{5})^2-2^2\}\times4$
$=(5-4)\times4=4$

10 (1) $5\sqrt{2}$ cm　(2) $2\sqrt{5}$ cm

解説 (1)求める円の半径の長さを x cm とすると，
$\pi x^2=50\pi$，$x^2=50$，$x=\pm\sqrt{50}=\pm5\sqrt{2}$
$x>0$ より，$x=5\sqrt{2}$
(2) この正四角柱の底面積は，$100\div5=20(\mathrm{cm}^2)$
底面の正方形の1辺の長さを x cm とすると，
$x^2=20$，$x=\pm\sqrt{20}=\pm2\sqrt{5}$
$x>0$ より，$x=2\sqrt{5}$

定期テスト予想問題② (p.38-39)

1 (1)$\pm\sqrt{15}$　(2)12　(3)○　(4)3

解説 (1)15の平方根は $\sqrt{15}$ と $-\sqrt{15}$ の2つある。
(2)$\sqrt{144}$ は144の平方根のうち，正のほうである。
(4)$\sqrt{25}=5$，$\sqrt{4}=2$ だから，$\sqrt{25}-\sqrt{4}=5-2=3$

2 (1)$\dfrac{2\sqrt{11}}{11}$　(2)$\dfrac{\sqrt{2}}{4}$

(3)$\dfrac{\sqrt{70}}{5}$　(4)$\dfrac{\sqrt{14}}{7}+\sqrt{3}$ $\left(\dfrac{\sqrt{14}+7\sqrt{3}}{7}\right)$

解説 (1)$\dfrac{2}{\sqrt{11}}=\dfrac{2\times\sqrt{11}}{\sqrt{11}\times\sqrt{11}}=\dfrac{2\sqrt{11}}{11}$

(2)$\dfrac{\sqrt{3}}{2\sqrt{6}}=\dfrac{\sqrt{3}\times\sqrt{6}}{2\sqrt{6}\times\sqrt{6}}=\dfrac{3\sqrt{2}}{12}=\dfrac{\sqrt{2}}{4}$

(3)$\dfrac{\sqrt{42}}{\sqrt{5}\sqrt{3}}=\dfrac{\sqrt{14}\sqrt{3}}{\sqrt{5}\sqrt{3}}=\dfrac{\sqrt{14}}{\sqrt{5}}=\dfrac{\sqrt{14}\times\sqrt{5}}{\sqrt{5}\times\sqrt{5}}=\dfrac{\sqrt{70}}{5}$

(4)$\dfrac{\sqrt{2}+\sqrt{21}}{\sqrt{7}}=\dfrac{\sqrt{2}\times\sqrt{7}+\sqrt{21}\times\sqrt{7}}{\sqrt{7}\times\sqrt{7}}$
$=\dfrac{\sqrt{14}}{7}+\dfrac{7\sqrt{3}}{7}=\dfrac{\sqrt{14}}{7}+\sqrt{3}$

3 (1)$5.355\leqq a<5.365$　(2)100 m の位

(3)① 1.50×10^4 cm　② 3.2×10^5 g

解説 (1)小数第3位を四捨五
入して5.36になったのだか
ら，$5.355\leqq a<5.365$

真の値の範囲
0.005　0.005
5.355　5.36　5.365

(2)2.53×10^4 m より，有効数字は2，5，3
2.53×10^4 m ⇒ 25300 m　有効数字の最後の数は3
だから，100 m の位まで測定したものである。
(3)①有効数字が3けただから，1，5，0
したがって，1.50×10^4 cm

② 有効数字が2けただから，3，2
したがって，3.2×10^5 g

4 (1)$36\sqrt{7}$　(2)$-2\sqrt{6}$　(3)$10\sqrt{3}$　(4)$4\sqrt{2}$

解説 根号の中をできるだけ簡単な数にしてから計
算する。
(1)$3\sqrt{6}\times\sqrt{21}\times\sqrt{8}=3\sqrt{2\times3}\times\sqrt{3\times7}\times2\sqrt{2}$
$=3\times\sqrt{2}\times\sqrt{2}\times\sqrt{3}\times\sqrt{3}\times\sqrt{7}\times2$
$=3\times2\times3\times\sqrt{7}\times2=36\sqrt{7}$

(2)$\dfrac{4}{\sqrt{6}}+\dfrac{\sqrt{24}}{6}-\sqrt{54}=\dfrac{4\sqrt{6}}{6}+\dfrac{2\sqrt{6}}{6}-3\sqrt{6}$
$=\dfrac{6\sqrt{6}}{6}-3\sqrt{6}=\sqrt{6}-3\sqrt{6}=-2\sqrt{6}$

(3)$\sqrt{24}\times\dfrac{3}{\sqrt{2}}+\sqrt{48}=\dfrac{2\sqrt{2\times3}\times3}{\sqrt{2}}+4\sqrt{3}$
$=6\sqrt{3}+4\sqrt{3}=10\sqrt{3}$

(4)$\sqrt{50}-\dfrac{8}{\sqrt{2}}+\sqrt{6}\times\sqrt{3}=5\sqrt{2}-\dfrac{8\sqrt{2}}{2}+3\sqrt{2}$
$=5\sqrt{2}-4\sqrt{2}+3\sqrt{2}=4\sqrt{2}$

5 (1)$9\sqrt{2}-2\sqrt{5}$　(2)$8\sqrt{3}$

(3)$21-5\sqrt{5}$　(4)$7-3\sqrt{3}$

解説 (1)$\sqrt{10}(\sqrt{5}-\sqrt{2})+\sqrt{32}$
$=5\sqrt{2}-2\sqrt{5}+4\sqrt{2}=9\sqrt{2}-2\sqrt{5}$
(2)$3\sqrt{2}(\sqrt{6}-1)+\sqrt{3}(2+\sqrt{6})$
$=6\sqrt{3}-3\sqrt{2}+2\sqrt{3}+3\sqrt{2}=8\sqrt{3}$
(3)$(2\sqrt{5}-1)^2-\sqrt{5}=(2\sqrt{5})^2-2\times1\times2\sqrt{5}+1^2-\sqrt{5}$
$=20-4\sqrt{5}+1-\sqrt{5}=21-5\sqrt{5}$
(4)$(\sqrt{3}-1)(\sqrt{3}-4)+\sqrt{12}$
$=(\sqrt{3})^2+\{(-1)+(-4)\}\sqrt{3}+(-1)\times(-4)+2\sqrt{3}$
$=3-5\sqrt{3}+4+2\sqrt{3}=7-3\sqrt{3}$

6 (1)$a=7$，8　(2)$a=5$

解説 (1)$2.5^2<(\sqrt{a})^2<3^2$ より，$6.25<a<9$
だから，$a=7$，8
(2)$\sqrt{45a}=\sqrt{3^2\times5\times a}$ より，$a=5$ のとき，
$\sqrt{3^2\times5\times5}=\sqrt{(3\times5)^2}=\sqrt{15^2}=15$

7 $5\sqrt{2}$ cm

解説 できるだけ大きな正方形のコースターをつく
るためには，正方形の対角線の長さが円の直径と同
じ長さになればよいので，正方形の対角線の長さは
10 cm となる。
正方形のコースターの面積は，
$\dfrac{1}{2}\times10\times10=50(\mathrm{cm}^2)$
よって，正方形の1辺の長さは，$\sqrt{50}=5\sqrt{2}$ (cm)

1 2次方程式の解き方

Step 1 基礎力チェック問題 （p.40-41）

1 (1) $x=\pm5$　(2) $x=\pm\sqrt{10}$

解説 $x^2=p$ の形の2次方程式の解は，$x=\pm\sqrt{p}$

(1) $x^2=25$

$x=\pm\sqrt{25}$ ←平方根は正と負の2つがある。

$x=\pm5$　←$\sqrt{25}=\sqrt{5^2}$だから，根号のつかない形に
する。

2 (1) $x=\pm6$　　(2) $x=\pm\sqrt{7}$

　(3) $x=\pm2\sqrt{3}$　(4) $x=\pm\dfrac{\sqrt{30}}{12}$

解説 数の項を右辺に移項して，$x^2=(数)$ の形に変形
してから解く。

(1) $x^2-36=0$，$x^2=36$，$x=\pm\sqrt{36}=\pm6$

(2) $x^2-7=0$，$x^2=7$，$x=\pm\sqrt{7}$

(4) $x^2-\dfrac{5}{24}=0$，$x^2=\dfrac{5}{24}$，

$x=\pm\sqrt{\dfrac{5}{24}}=\pm\dfrac{\sqrt{5}}{2\sqrt{6}}=\pm\dfrac{\sqrt{30}}{12}$

3 (順に) 16, 16, 4

解説 $ax^2=b$ の形の2次方程式の解き方は，

両辺を a でわって，$\dfrac{b}{a}$ の平方根を求める。

$ax^2=b$，$x^2=\dfrac{b}{a}$，$x=\pm\sqrt{\dfrac{b}{a}}$

4 (1) $x=5$，$x=-11$　(2) $x=-2\pm\sqrt{5}$

　(3) $x=5\pm\sqrt{7}$　　(4) $x=6\pm3\sqrt{2}$

解説 $x+m$ を1つの文字とみる。

(1) $x+3=X$ とおくと，$X^2=64$，$X=\pm8$

X をもとにもどして，

$x+3=\pm8$，$x=-3\pm8$

$x=5$，$x=-11$

(2) $x+2=X$ とおくと，$X^2=5$，$X=\pm\sqrt{5}$

X をもとにもどして，

$x+2=\pm\sqrt{5}$，$x=-2\pm\sqrt{5}$

(3) $x-5=X$ とおくと，$X^2=7$，$X=\pm\sqrt{7}$

X をもとにもどして，$x-5=\pm\sqrt{7}$，$x=5\pm\sqrt{7}$

$(x+m)^2=n$ で，$x+m$ を X とおいて解くときは，
最後に X を $x+m$ にもどすのを忘れないようにす
る。もどしたあとは，$x=\square$ の形にする。

5 (1) ア　1（1^2）　　イ　1

　(2) ア　9（$(-3)^2$）　イ　3

解説 x の係数の $\dfrac{1}{2}$ の2乗を加える。

(1) x の係数は2だから，x^2+2x に 1^2 を加えると，
$x^2+2x+1^2=(x+1)^2$

(2) x の係数は -6 だから，x^2-6x に $(-3)^2$ を加え
ると，$x^2-6x+(-3)^2=(x-3)^2$

6 (順に) -3，$9(3^2)$，$9(3^2)$，3，3，$\pm\sqrt{6}$，-3，$\sqrt{6}$

解説 数の項を右辺に移項して，左辺を $(x+m)^2$ の
形にする。

$$x^2+6x+3=0$$ 左辺の3を右辺に移項する

$$x^2+6x=-3$$ 両辺に 3^2 を加える

$$x^2+6x+3^2=-3+3^2$$ 左辺を $(x+m)^2$ の形にする

$$(x+3)^2=6$$

$$x+3=\pm\sqrt{6}$$

$$x=-3\pm\sqrt{6}$$

7 (順に) 3, 3, 57

解説 2次方程式 $ax^2+bx+c=0$（a，b，c は定数，
$a\neq0$）の解は，$x=\dfrac{-b\pm\sqrt{b^2-4ac}}{2a}$

$a=2$，$b=3$，$c=-6$ を代入すると，

$x=\dfrac{-3\pm\sqrt{3^2-4\times2\times(-6)}}{2\times2}=\dfrac{-3\pm\sqrt{57}}{4}$

8 (1) $x=0$，$x=-2$　(2) $x=-5$，$x=2$

　(3) $x=-4$　　　　(4) $x=\dfrac{1}{5}$

解説 (1) $x(x+2)=0$ より，$x=0$ または $x+2=0$ から，
解は $x=0$，$x=-2$ の2つ。$x=0$ を忘れないよう
にする。

(2) $(x+5)(x-2)=0$，$x+5=0$ または $x-2=0$
したがって，$x=-5$，$x=2$

(3) 0の平方根は0だけ。

よって，$(x+a)^2=0$ の解は1つだけ。

$(x+4)^2=0$，$x+4=0$，$x=-4$

(4) $(5x-1)^2=0$，$5x-1=0$，$5x=1$，$x=\dfrac{1}{5}$

Step 2 実力完成問題 （p.42-43）

1 (1) $x=\pm5$　　(2) $x=\pm\dfrac{\sqrt{6}}{2}$

　(3) $x=\pm\sqrt{5}$　(4) $x=\pm4$

解説 (1) 両辺を3でわって，$x^2=p$ の形にする。

$3x^2=75$，$x^2=25$，$x=\pm\sqrt{25}=\pm5$

(2) $4x^2=6$，$x^2=\dfrac{3}{2}$，$x=\pm\sqrt{\dfrac{3}{2}}=\pm\dfrac{\sqrt{6}}{2}$

(3) $2x^2-10=0$，$2x^2=10$，$x^2=5$，$x=\pm\sqrt{5}$

(4) $5x^2-80=0$，$5x^2=80$，$x^2=16$，$x=\pm4$

2 (1)$x=-1\pm\sqrt{3}$　(2)$x=9$, $x=-1$

　　(3)$x=3$, $x=1$　(4)$x=-5\pm\sqrt{7}$

　　(5)$x=1\pm\sqrt{6}$　(6)$x=-2\pm\sqrt{2}$

解説 (1)両辺に1^2を加える。

$x^2+2x+1=2+1$, $(x+1)^2=3$, $x=-1\pm\sqrt{3}$

(2)両辺に$(-4)^2$を加える。

$x^2-8x+(-4)^2=9+(-4)^2$,

$(x-4)^2=25$, $x-4=\pm5$, $x=9$, $x=-1$

(3)3を右辺に移項して，両辺に$(-2)^2$を加える。

$x^2-4x+(-2)^2=-3+(-2)^2$,

$(x-2)^2=1$, $x-2=\pm1$, $x=3$, $x=1$

(4)$x^2+10x+18=0$,

$x^2+10x+5^2=-18+5^2$, $(x+5)^2=7$,

$x+5=\pm\sqrt{7}$, $x=-5\pm\sqrt{7}$

(5)x^2の係数が1以外のときは，まず，x^2の係数が1になるようにする。

$3x^2-6x-15=0$, $x^2-2x-5=0$,

-5を右辺に移項して，両辺に$(-1)^2$を加える。

$x^2-2x+(-1)^2=5+(-1)^2$,

$(x-1)^2=6$, $x-1=\pm\sqrt{6}$, $x=1\pm\sqrt{6}$

(6)まず，両辺に2をかけて，$x^2+4x+2=0$,

$x^2+4x+2^2=-2+2^2$, $(x+2)^2=2$,

$x+2=\pm\sqrt{2}$, $x=-2\pm\sqrt{2}$

> ミス対策 x^2の係数が分数のときは，x^2の係数の逆数を両辺にかける。

3 (1)$x=\dfrac{-9\pm\sqrt{65}}{2}$　(2)$x=\dfrac{3}{2}$, $x=1$

　　(3)$x=\dfrac{3\pm\sqrt{13}}{4}$　(4)$x=\dfrac{-5\pm\sqrt{13}}{6}$

　　(5)$x=-3\pm\sqrt{6}$　(6)$x=\dfrac{9\pm\sqrt{33}}{12}$

解説 (1)解の公式に，$a=1$, $b=9$, $c=4$を代入すると，$x=\dfrac{-9\pm\sqrt{9^2-4\times1\times4}}{2\times1}=\dfrac{-9\pm\sqrt{65}}{2}$

(2)$x=\dfrac{5\pm\sqrt{(-5)^2-4\times2\times3}}{2\times2}=\dfrac{5\pm1}{4}$,

$x=\dfrac{3}{2}$, $x=1$

答えを$x=\dfrac{5\pm1}{4}$としないこと。$\dfrac{5+1}{4}$, $\dfrac{5-1}{4}$だから，まだ計算できる。

(3)そのままでは解の公式が使えないときは，式を整理して（左辺）$=0$の形にする。

$4x^2-6x=1$, $4x^2-6x-1=0$,

$x=\dfrac{6\pm\sqrt{(-6)^2-4\times4\times(-1)}}{2\times4}=\dfrac{6\pm\sqrt{52}}{8}$

$=\dfrac{6\pm2\sqrt{13}}{8}=\dfrac{3\pm\sqrt{13}}{4}$

(4)$7x^2+9x+2=x^2-x$, $6x^2+10x+2=0$,

$3x^2+5x+1=0$

$x=\dfrac{-5\pm\sqrt{5^2-4\times3\times1}}{2\times3}=\dfrac{-5\pm\sqrt{13}}{6}$

(5)式を展開し整理して，（左辺）$=0$の形にすると，

$x^2+6x+3=0$

$x=\dfrac{-6\pm\sqrt{6^2-4\times1\times3}}{2\times1}=\dfrac{-6\pm\sqrt{24}}{2}$

$=\dfrac{-6\pm2\sqrt{6}}{2}=-3\pm\sqrt{6}$

(6)xの係数や数の項に分数があるので，まず，両辺に分母の最小公倍数6をかける。

両辺に6をかけて，$6x^2-9x+2=0$

$x=\dfrac{9\pm\sqrt{(-9)^2-4\times6\times2}}{2\times6}=\dfrac{9\pm\sqrt{33}}{12}$

4 (1)$x=0$, $x=8$　(2)$x=\pm4$

　　(3)$x=-9$, $x=4$　(4)$x=2$, $x=5$

　　(5)$x=-7$　(6)$x=-2$, $x=3$

解説 (1)$x(x-8)=0$, $x=0$, $x=8$

(2)両辺を3でわって，$x^2-16=0$,

$(x+4)(x-4)=0$, $x+4=0$または$x-4=0$,

$x=-4$, $x=4$

(3)$x^2+(a+b)x+ab=(x+a)(x+b)$から，

$x^2+5x-36=0$, $(x+9)(x-4)=0$,

$x+9=0$または$x-4=0$, $x=-9$, $x=4$

(4)$x^2-7x+10=0$, $(x-2)(x-5)=0$,

$x-2=0$または$x-5=0$, $x=2$, $x=5$

(5)$x^2+2ax+a^2=(x+a)^2$から，

$x^2+14x+49=0$, $(x+7)^2=0$, $x+7=0$, $x=-7$

(6)両辺を-2でわると，$x^2-x-6=0$,

$(x+2)(x-3)=0$, $x+2=0$または$x-3=0$,

$x=-2$, $x=3$

> ミス対策 負の数でわるときは，符号が変わるので注意すること。また，答えの符号のミスが多いので気をつける。

5 (1)$x=-1\pm\sqrt{6}$　(2)$x=-\dfrac{5}{2}$, $x=-\dfrac{7}{2}$

　　(3)$x=0$, $x=7$　(4)$x=10$, $x=-2$

　　(5)$x=6$, $x=3$

解説 (1)展開し整理して，（左辺）$=0$の形にする。

$(x+3)(x-1)=2$, $x^2+2x-3=2$, $x^2+2x-5=0$

解の公式を利用して，

$x=\dfrac{-2\pm\sqrt{2^2-4\times1\times(-5)}}{2\times1}=\dfrac{-2\pm\sqrt{24}}{2}$

$$=\frac{-2\pm2\sqrt{6}}{2}=-1\pm\sqrt{6}$$

(2) 両辺を 2 でわると，$(x+3)^2-\frac{1}{4}=0$

$(x+3)^2=\frac{1}{4}$，$x+3=\pm\frac{1}{2}$，$x=-3\pm\frac{1}{2}$

$x=-\frac{5}{2}$，$x=-\frac{7}{2}$

(3) 展開して整理すると，$x^2-7x=0$

$x(x-7)=0$，$x=0$，$x=7$

(4) $x^2-2(x+3)(x-7)=22$，

$x^2-2(x^2-4x-21)=22$，

$-x^2+8x+20=22$，

$x^2-8x-20=0$，

$(x-10)(x+2)=0$，$x=10$，$x=-2$

(5) 両辺に 3 をかけると，$9(x-2)=x^2$，

$x^2-9x+18=0$，$(x-6)(x-3)=0$，

$x=6$，$x=3$

6 (1) $x=3-\sqrt{6}$　(2) 5

解説 (1) $x=\frac{6\pm\sqrt{(-6)^2-4\times1\times3}}{2\times1}=3\pm\sqrt{6}$

したがって，小さいほうの解は，$x=3-\sqrt{6}$

(2) $x^2+x-6=0$，$(x-2)(x+3)=0$，

$x=2$，$x=-3$ だから，$a=2$，$b=-3$

したがって，$a-b=2-(-3)=5$

7 $a=5$

解説 $x^2-(a^2-4a+5)x+5a(a-4)=0$

左辺を因数分解すると，

$x^2-a^2x+4ax-5x+5a^2-20a=0$

$x(x-5)-a^2(x-5)+4a(x-5)=0$

$(x-a^2+4a)(x-5)=0$

$x=5$，$x=a^2-4a$

この 2 次方程式の解が 1 つになるから，

$a^2-4a=5$，$a^2-4a-5=0$ が成り立つ。

$(a+1)(a-5)=0$，$a>0$ より，$a=5$

2　2次方程式の応用

1 (1) $a=-8$　(2) $x=-2$

解説 (1) $x^2-2x+a=0$ に $x=4$ を代入すると，

$4^2-2\times4+a=0$，$a=-8$

(2) $x^2-2x-8=0$，$(x-4)(x+2)=0$，

$x=4$，$x=-2$　他の解は，$x=-2$

2 (1) $x+7$

(2) (順に) $x+7$，5

(3) (順に) 5，12

解説 (1) 差が 7 であることから，（大きいほうの自然数）$-$（小さいほうの自然数）$=7$

これより，x を使って表すと，$x+7$

(2) $x(x+7)=60$，$x^2+7x-60=0$，

$(x+12)(x-5)=0$，$x=-12$，$x=5$

(3) 大きいほうの自然数は，$x+7$ に $x=5$ を代入して，

$5+7=12$

3 (1) $x+1$　　　　(2) $x(x+1)=6$

(3) $x=2$，$x=-3$　(4) 2，3

解説 (1) 差が 1 の 2 つの正の整数を考える。

(2) x と $x+1$ の積が 6 であることを式に表す。

(3) $x(x+1)=6$，$x^2+x-6=0$，

$(x-2)(x+3)=0$，$x=2$，$x=-3$

(4) 求める 2 つの数は「正の整数」。$x>0$ なので，

$x=2$ があてはまる。大きいほうは $x+1$ だから，

$2+1=3$

4 (1) $(x+2)$ m　　　(2) $x(x+2)=80$

(3) $x=8$，$x=-10$

(4) 縦の長さ　8 m，横の長さ　10 m

解説 (2) 長方形の面積＝縦×横　にあてはめて式をつくる。

(3) $x(x+2)=80$，$x^2+2x-80=0$，

$(x-8)(x+10)=0$，$x=8$，$x=-10$

(4) 辺の長さは正の数。

したがって，縦の長さは 8 m だから，横の長さは

$8+2=10$(m) になる。

5 (1) AP　x cm，AQ　$(10-x)$ cm

(2) $\frac{1}{2}x(10-x)=8$

(3) $x=2$，$x=8$

(4) 2 秒後と 8 秒後

解説 (1) 点 Q は，x 秒で D から x cm 動くので，

DQ$=x$ cm　したがって，AQ$=(10-x)$ cm

(2) $\triangle$APQ$=\frac{1}{2}\times$AP$\times$AQ にあてはめる。

(3) 両辺に 2 をかけて，$x(10-x)=16$，

$-x^2+10x-16=0$，$x^2-10x+16=0$，

$(x-2)(x-8)=0$，$x=2$，$x=8$

(4) x の変域は，$0\leqq x\leqq10$ だから，$x=2$，$x=8$ はどちらもあてはまる。したがって，$\triangle$APQ の面積が 8 cm^2 になるのは，2 秒後と 8 秒後。

1 (1) $a=3$，$a=-1$

(2) $a=10$, 他の解 $x=7$

(3) $a=5$, $b=6$

解説 方程式に与えられた解を代入した式が成り立つことを利用する。

(1) $x^2-ax+a^2-7=0$ に $x=2$ を代入すると，

$2^2-2a+a^2-7=0$, $a^2-2a-3=0$,

$(a-3)(a+1)=0$, $a=3$, $a=-1$

(2) $x^2-ax+2a+1=0$ に $x=3$ を代入すると，

$3^2-3a+2a+1=0$, $a=10$

これより，$a=10$ を方程式に代入すると，

$x^2-10x+21=0$, $(x-7)(x-3)=0$, $x=7$, $x=3$

したがって，他の解は，$x=7$

(3) $x^2+ax+b=0$ に $x=-2$, $x=-3$ をそれぞれ代入すると，

$(-2)^2-2a+b=0\cdots$①

$(-3)^2-3a+b=0\cdots$②

①，②を整理して，

$-2a+b=-4\cdots$①′

$-3a+b=-9\cdots$②′

①′，②′を連立方程式として解くと，$a=5$, $b=6$

2 (1) 3, 12　(2) 2, 8　(3) 23, 32

解説 (1) 1つの正の整数を x とすると，他の正の整数は $15-x$ と表せる。

2つの正の整数の積が 36 であることから，

$x(15-x)=36$, $15x-x^2=36$,

$x^2-15x+36=0$, $(x-3)(x-12)=0$, $x=3$, $x=12$

$1\leqq x\leqq14$ だから，どちらもあてはまる。

$x=3$ のとき，他の正の整数は，$15-3=12$

$x=12$ のとき，他の正の整数は，$15-12=3$

(2) ある自然数を x とすると，$(x-4)^2=2x$

これを解くと，$x=2$, $x=8$

x は自然数だから，どちらもあてはまる。

求める数を x とし，x の値を求めたら，解の検討をする。$(2-4)^2=4$, $2\times2=4$, $(8-4)^2=16$, $8\times2=16$

(3) 一の位の数を x とすると，十の位の数は $5-x$ と表せる。よって，この2けたの自然数は，

$10(5-x)+x=-9x+50$ となる。

また，十の位の数と一の位の数を入れかえた数は $10x+(5-x)=9x+5$ で，もとの数との積が 736 だから，

$(9x+5)(-9x+50)=736$

整理すると，$x^2-5x+6=0$, $(x-3)(x-2)=0$,

$x=3$, $x=2$

一の位の数が3のとき，十の位の数は，

$5-3=2$　➡ 23

一の位の数が2のとき，十の位の数は，

$5-2=3$　➡ 32

これらはどちらもあてはまる。

3 (1) $2(x+1)(x-1)=3x^2-102$

(2) 9, 10, 11

解説 (1) まん中の数を $x(x\geqq2)$ とすると，連続する3つの整数は，$x-1$, x, $x+1$ と表せる。

一般に，3つの連続する整数の問題では，どの数を x とおいてもよいが，まん中の数を x としたほうが計算が楽になることが多い。

(2) $2(x+1)(x-1)=3x^2-102$,

$2x^2-2=3x^2-102$, $x^2=100$, $x=\pm10$

$x\geqq2$ だから，$x=10$

したがって，求める3つの正の整数は 9, 10, 11

4 (1) 6 cm と 14 cm　(2) 4 cm

解説 (1) 縦を x cm とすると，横は $(20-x)$ cm と表せる。

長方形の面積より，$x(20-x)=84$,

$x^2-20x+84=0$, $(x-14)(x-6)=0$, $x=14$, $x=6$

$0<x<20$ だから，どちらもあてはまる。

縦が 14 cm のとき，横は $20-14=6$(cm)

縦が 6 cm のとき，横は $20-6=14$(cm)

(2) 上底を x cm とすると，下底は $2x$ cm，高さは $3x$ cm と表せる。台形の面積より，

$\frac{1}{2}\times(x+2x)\times3x=72$, $x^2=16$, $x=\pm4$

$x>0$ より，$x=4$

5 58 cm²

解説 正方形の1辺の長さを x cm とすると，長方形 AEFG の縦と横の長さは，それぞれ $(x+3)$ cm，$(x-4)$ cm と表せる。

長方形の面積より，$(x+3)(x-4)=78$

整理すると，$x^2-x-90=0$,

$(x-10)(x+9)=0$, $x=10$, $x=-9$

$x>4$ だから，$x=10$

したがって，求める面積は，

$3\times(10-4)+10\times4=58$(cm²)

> **ミス対策** 何を x とおいたのかに注意する。辺の長さを x cm とおいたときは，必ず $x>0$ となる。

6 (5, 6)

解説 点 P の x 座標を p とすると，y 座標は $p+1$ と表せる。また，Q$(p, 0)$ となる。

$\triangle$OPQ$=\frac{1}{2}\times$OQ$\times$PQ$=\frac{1}{2}\times p\times(p+1)$

これが $15\,\text{cm}^2$ だから，$\dfrac{1}{2}p(p+1)=15$

これを解いて，$p=5$，$p=-6$

$p>0$ だから，$p=5$

したがって，点 P の y 座標は，$5+1=6$

$\boxed{7}$ $20\sqrt{15}$ cm

解説 道旗の縦と横の長さの比が $2:3$ なので，縦の長さを x cm とすると，横の長さは

$\dfrac{3}{2}x$ cm となる。

道旗の面積が $9000\,\text{cm}^2$ なので，

$x\times\dfrac{3}{2}x=9000$ より，

$x^2=6000$，$x=\pm\sqrt{6000}=\pm20\sqrt{15}$

$x>0$ より，$x=20\sqrt{15}$

定期テスト予想問題① （p.48-49）

$\boxed{1}$ イ

解説 $x=4$ をそれぞれの方程式に代入して成り立つものを見つける。

$\boxed{2}$ (1) $x=\pm15$ 　(2) $x=1$，$x=-7$

(3) $x=1\pm\sqrt{7}$ 　(4) $x=\dfrac{9\pm\sqrt{65}}{2}$ 　(5) $x=\dfrac{-4\pm\sqrt{6}}{2}$

解説 (1) $x^2=225$，$x=\pm\sqrt{225}=\pm15$

(2) $(x+3)^2=16$，$x+3=\pm4$，$x=-3\pm4$，

$x=1$，$x=-7$

(3) $(x-1)^2=7$，$x-1=\pm\sqrt{7}$，$x=1\pm\sqrt{7}$

(4) 解の公式に，$a=1$，$b=-9$，$c=4$ を代入すると，

$x=\dfrac{9\pm\sqrt{(-9)^2-4\times1\times4}}{2\times1}=\dfrac{9\pm\sqrt{65}}{2}$

(5) $x=\dfrac{-8\pm\sqrt{8^2-4\times2\times5}}{2\times2}=\dfrac{-8\pm\sqrt{24}}{4}$

$=\dfrac{-8\pm2\sqrt{6}}{4}=\dfrac{-4\pm\sqrt{6}}{2}$

$\boxed{3}$ (1) $x=0$，$x=-6$ 　(2) $x=-3$，$x=5$

(3) $x=-4$，$x=-9$ 　(4) $x=8$

解説 (1) $x^2+6x=0$，$x(x+6)=0$，$x=0$，$x=-6$

答えの符号をまちがえないようにする。

$x(x+6)=0$ の解は，$x=0$，$x=6$ ではない。

(2) $x^2-2x-15=0$，$(x+3)(x-5)=0$，

$x=-3$，$x=5$

(3) $x^2+13x+36=0$，$(x+4)(x+9)=0$，

$x=-4$，$x=-9$

(4) $x^2-16x+64=0$，$(x-8)^2=0$，$x=8$

$\boxed{4}$ (1) $x=4$ 　(2) $x=-8$，$x=1$

解説 展開し整理して，（左辺）$=0$ の形になるように変形する。

(1) $x^2=8(x-2)$，$x^2=8x-16$，

$x^2-8x+16=0$，$(x-4)^2=0$，$x=4$

(2) $(x+3)(2x-1)=x(x-2)+5$，

$2x^2-x+6x-3=x^2-2x+5$，

$x^2+7x-8=0$，$(x+8)(x-1)=0$，$x=-8$，$x=1$

$\boxed{5}$ (1) $a=3$ 　(2) $x=-7$

解説 (1) 方程式に $x=4$ を代入すると，

$4^2+4a-10a+2=0$，$-6a=-18$，$a=3$

(2) 方程式に $a=3$ を代入すると，

$x^2+3x-10\times3+2=0$，$x^2+3x-28=0$，

$(x+7)(x-4)=0$，$x=-7$，$x=4$

したがって，他の解は，$x=-7$

$\boxed{6}$ 4

解説 ある正の整数を x とおくと，

$x^2\times4=(x\times4)^2-192$

整理すると，$x^2-16=0$，$(x+4)(x-4)=0$，

$x=-4$，$x=4$

x は正の整数だから，$x=4$

$\boxed{7}$ 8 cm

解説 もとの長方形の厚紙の縦の長さを x cm とすると，横の長さは $2x$ cm と表せる。

この箱の底の部分の縦の長さは $(x-4)$ cm，横の長さは $(2x-4)$ cm で，深さは 2 cm となる。

容積を求める式より，$(x-4)(2x-4)\times2=96$

整理すると，$x^2-6x-16=0$

$(x-8)(x+2)=0$，$x=8$，$x=-2$

$x>4$ だから，$x=8$

$\boxed{8}$ 4 秒後と 6 秒後

解説 出発して x 秒後に $\triangle$APQ の面積が $48\,\text{cm}^2$ になるとすると，点 P は 1 秒間に 2 cm 動くことから，

PB$=2x$ cm，AP$=20-2x$(cm)，AQ$=2x$ cm

$\triangle$APQ$=\dfrac{1}{2}\times$AP$\times$AQ$=\dfrac{1}{2}\times(20-2x)\times2x=48$，

$x(20-2x)=48$，$-2x^2+20x-48=0$，

$x^2-10x+24=0$，$(x-4)(x-6)=0$，

$x=4$，$x=6$

$0\leqq x\leqq10$ だから，どちらもあてはまる。

定期テスト予想問題② （p.50-51）

$\boxed{1}$ (1) 4 　(2) 2，4

解説 x に値を代入して成り立つものを見つける。実際に方程式を解いても求められる。

2 (1) $x=\pm\dfrac{3\sqrt{2}}{4}$　　(2) $x=6$, $x=-2$

　　(3) $x=6$, $x=8$　　(4) $x=-\dfrac{1}{2}$

　　(5) $x=3$, $x=-4$　(6) $x=\dfrac{-5\pm\sqrt{13}}{2}$

　　(7) $x=-2$, $x=2$　(8) $x=-2\pm\sqrt{3}$

解説 因数分解できるときは，因数分解し，できないときは，解の公式を利用する。

(1) $x^2=p$ の形にして解くと，

$8x^2=9$, $x^2=\dfrac{9}{8}$, $x=\pm\sqrt{\dfrac{9}{8}}=\pm\dfrac{3}{2\sqrt{2}}=\pm\dfrac{3\sqrt{2}}{4}$

(2) $(x-2)^2=16$, $x-2=\pm4$, $x=2\pm4$,

$x=6$, $x=-2$

(3) $x^2-14x=-48$, $x^2-14x+48=0$,

$(x-6)(x-8)=0$, $x=6$, $x=8$

(4) $x^2+x+\dfrac{1}{4}=0$, $\left(x+\dfrac{1}{2}\right)^2=0$, $x=-\dfrac{1}{2}$

(5) $2x^2+2x-24=0$, $x^2+x-12=0$,

$(x-3)(x+4)=0$, $x=3$, $x=-4$

(6) 解の公式に，$a=1$, $b=5$, $c=3$ を代入すると，

$x=\dfrac{-5\pm\sqrt{5^2-4\times1\times3}}{2\times1}=\dfrac{-5\pm\sqrt{13}}{2}$

(7) 両辺を 2 でわって，

$(x+2)(x-2)=0$, $x=-2$, $x=2$

(8) 展開して整理すると，$x^2+4x+1=0$,

$x=\dfrac{-4\pm\sqrt{4^2-4\times1\times1}}{2\times1}=\dfrac{-4\pm\sqrt{12}}{2}=\dfrac{-4\pm2\sqrt{3}}{2}$

$=-2\pm\sqrt{3}$

3 (1) $x=-1$　(2) $a=-\dfrac{2}{3}$

解説 (1) $ax^2-2x-3a=0$ に $x=3$ を代入すると，

$a\times3^2-2\times3-3a=0$, $9a-6-3a=0$,

$6a=6$, $a=1$

$a=1$ を与えられた方程式に代入すると，

$x^2-2x-3=0$, $(x-3)(x+1)=0$,

$x=3$, $x=-1$

したがって，他の解は，$x=-1$

(2) $x^2+4x-12=0$, $(x-2)(x+6)=0$,

$x=2$, $x=-6$

大きいほうの解 2 は，$x^2-x+3a=0$ の解でもあるから，この方程式に $x=2$ を代入して a の値を求めればよい。

$2^2-2+3a=0$, $3a=-2$, $a=-\dfrac{2}{3}$

4 12, 13

解説 小さいほうの自然数を x とすると，大きいほうの自然数は $x+1$ と表せる。

$x^2+(x+1)^2=313$, $x^2+x^2+2x+1-313=0$,

$2x^2+2x-312=0$, $x^2+x-156=0$,

$(x+13)(x-12)=0$, $x=-13$, $x=12$

x は自然数だから，$x=12$

小さいほうの自然数が 12 だから，大きいほうの自然数は，$12+1=13$

5 (1) $(x+4)(2x+4)=70$

　　(2) 6 cm

解説 (1) もとの長方形の縦の長さを x cm とすると，もとの長方形の横の長さは $2x$ cm と表せる。

これより，つくった長方形の縦の長さは $(x+4)$ cm，横の長さは $(2x+4)$ cm となる。

長方形の面積を求める式にあてはめて式をつくる。

(2) $(x+4)(2x+4)=70$　これを整理すると，

$x^2+6x-27=0$, $(x+9)(x-3)=0$, $x=-9$, $x=3$

$x>0$ だから，$x=3$

したがって，横の長さは，$2\times3=6$(cm)

求めるもの以外を x とおいたときは，答えの出し方に注意する。ここでは，3 cm と答えないように気をつける。

6 (4, 6)

解説 点 P の x 座標を p とすると，y 座標は $p+2$ と表せる。また，Q$(p, 0)$ で，PQ=QR=$p+2$

$\triangle$PQR$=\dfrac{1}{2}\times$QR$\times$PQ$=\dfrac{1}{2}\times$PQ$^2=18$ だから，

$\dfrac{1}{2}(p+2)^2=18$, $(p+2)^2=36$,

$p+2=\pm6$, $p=4$, $p=-8$　$p>0$ だから，$p=4$

したがって，点 P の y 座標は，$4+2=6$

7 $20\sqrt{2}$ cm

解説 OA の長さを x cm とすると，OB を半径とする円の面積は，

$\pi\times(x+20)^2=\pi(x^2+40x+400)$(cm^2)

色をつけた部分の面積は，

$\pi\times(x+40)^2-\pi\times(x+20)^2$

$=\pi(40x+1200)$(cm^2)

よって，$\pi(x^2+40x+400)=\pi(40x+1200)$

これを解くと，$x=\pm20\sqrt{2}$

$x>0$ だから，$x=20\sqrt{2}$

1 関数 $y=ax^2$

Step 1 基礎力チェック問題 （p.52-53）

1 イ，オ

解説 $y=ax^2$ の形で表されるものを選ぶ。

アは $y=ax$ の形で，y が x に比例する関係。

ウは $y=ax+b$ の形で，1次関数を表す。

エは $y=\dfrac{a}{x}$ の形で，y が x に反比例する関係。

2 (1)○ (2)×

解説 (1) （正方形の面積）＝（1辺）×（1辺）だから，
$y=(2x)^2$，$y=4x^2$

$y=ax^2$ の形で表されるので，y は x の2乗に比例する。

(2) （立方体の体積）＝（1辺）×（1辺）×（1辺）だから，
$y=x^3$

3 (1)$y=2x^2$ (2)$y=18$ (3)25倍

解説 (1)$y=ax^2$ に，$x=2$，$y=8$ を代入すると，
$8=a\times2^2$ より，$a=2$ よって，$y=2x^2$

(2)$y=2x^2$ に，$x=3$ を代入する。$y=2\times3^2=18$

(3)y は x の2乗に比例しているから，x の値が5倍になると，y の値は $5^2(=25)$ 倍になる。

関数 $y=ax^2$ では，x の値が2倍，3倍，…になると，y の値は $2^2(=4)$ 倍，$3^2(=9)$ 倍，…になる。

4 (1)ア 4
　　　 イ 0
　　　 ウ 9
　 (2)**右の図**
　 (3)$y=-x^2$

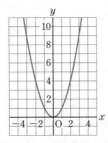

解説 (1)$y=x^2$ に，それぞれの x の値を代入する。

ア…$y=(-2)^2=4$，　イ…$y=0^2=0$，　ウ…$y=3^2=9$

(2) 対応する x と y の値の組を座標とする点をなめらかな曲線で結ぶ。グラフは端まできちんとかく。

(3)$y=-ax^2$ のグラフは，$y=ax^2$ のグラフと x 軸について対称である。

5 (1)**最大値 $y=8$，最小値 $y=0$**
　 (2)$0\leqq y\leqq8$

解説 右の図の実線部分で，
$-2\leqq x\leqq0$ のとき，
y の値は2から0まで減少し，
$0\leqq x\leqq4$ のとき，
y の値は0から8まで増加する。
だから，$-2\leqq x\leqq4$ のとき，
y の値の最大値は8，最小値は0となり，
y の変域は $0\leqq y\leqq8$ となる。

「x の変域が $-2\leqq x\leqq4$ だから，
$x=-2$ のとき $y=2$，$x=4$ のとき $y=8$ より，
y の変域は $2\leqq y\leqq8$」としないこと。

x の変域に0をふくむ場合，関数 $y=ax^2$ $(a>0)$ は $x=0$ のときに最小値 $y=0$ をとることに注意する。

6 4

解説 変化の割合＝$\dfrac{y \text{ の増加量}}{x \text{ の増加量}}$ にあてはめると，

$\dfrac{3^2-1^2}{3-1}=\dfrac{9-1}{2}=\dfrac{8}{2}=4$

関数 $y=ax^2$ では，変化の割合は一定ではない。

Step 2 実力完成問題 （p.54-55）

1 (1)$S=\dfrac{1}{2}a^2$ (2)$\dfrac{1}{2}$ (3)9倍

解説 (1)底辺を a cm とみると，高さも a cm となるので，（三角形の面積）＝$\dfrac{1}{2}$×（底辺）×（高さ） より，

$S=\dfrac{1}{2}a^2$

(2)$S=\dfrac{1}{2}a^2$ より，比例定数は $\dfrac{1}{2}$

(3)S は a の2乗に比例しているから，a の値が3倍になると，S の値は $3^2(=9)$ 倍になる。

> **ミス対策** 直角二等辺三角形の等しい辺の一方を底辺と見ると，残りの等しい辺が高さとなるから，底辺が3倍になると高さも3倍になる。

2 (1)$y=-\dfrac{9}{4}$ (2)$x=\pm4$

解説 $y=ax^2$ に与えられた x，y の値を代入して a の値を求める。

(1)$y=ax^2$ に，$x=3$，$y=-36$ を代入する。

$-36=a\times3^2$，$a=-4$ よって，$y=-4x^2$

$y=-4x^2$ で，$x=\dfrac{3}{4}$ のとき，$y=-4\times\left(\dfrac{3}{4}\right)^2=-\dfrac{9}{4}$

(2)$y=-4x^2$ で，$y=-64$ のとき，

$-64=-4x^2$，$x^2=16$，$x=\pm4$

③

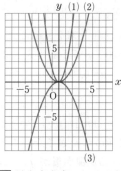

解説 対応表を書いてみるとよい。

(1) $y=2x^2$

x	-2	-1	0	1	2
y	8	2	0	2	8

(2) $y=\dfrac{1}{2}x^2$

x	-4	-2	0	2	4
y	8	2	0	2	8

(3)(2)のグラフと x 軸について対称なグラフになる。

④ (1)エ (2)ア (3)イ (4)ウ

解説 $y=ax^2$ のグラフは，

・$a>0$ のとき，グラフは上に開く。

・$a<0$ のとき，グラフは下に開く。

a の絶対値が大きいほど，グラフの開き方は小さい。

$0<\dfrac{1}{2}<0.8$ より，$\begin{cases}(2)はア\\(3)はイ\end{cases}$

$-2<-\dfrac{1}{4}<0$ より，$\begin{cases}(1)はエ\\(4)はウ\end{cases}$

負の数の絶対値の大小は，数の大きさの大小と不等号の向きが逆になることに注意する。

⑤ (1) $a=\dfrac{2}{3}$ (2) $y=-4x^2$

解説 (1) $y=ax^2$ に，$x=-3$，$y=6$ を代入すると，

$6=a\times(-3)^2$，$6=9a$，$a=\dfrac{2}{3}$

(2) $y=ax^2$ とおき，$x=2$，$y=-16$ を代入すると，

$-16=a\times2^2$，$-16=4a$，$a=-4$　よって，$y=-4x^2$

⑥ (1) $0\leqq y\leqq 8$ (2) $-12\leqq y\leqq 0$

解説 x の変域に 0 がふくまれているので，

(1) $y=2x^2$ で，$2>0$ ➡ $x=0$ で y は最小値 0

(2) $y=-\dfrac{1}{3}x^2$ で，$-\dfrac{1}{3}<0$ ➡ $x=0$ で y は最大値 0

(1)，(2)のグラフは下の図の実線部分のようになる。

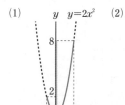 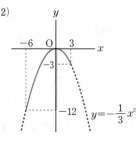

⑦ (1) $a=\dfrac{1}{6}$ (2) 21 m/s

解説 (1) 変化の割合 $=\dfrac{y\text{ の増加量}}{x\text{ の増加量}}$ より，

$\dfrac{a\times7^2-a\times1^2}{7-1}=\dfrac{49a-a}{6}=8a$　よって，$8a=\dfrac{4}{3}$，$a=\dfrac{1}{6}$

(2) 平均の速さ $=\dfrac{\text{転がった距離}}{\text{転がった時間}}$ より，

$\dfrac{3\times5^2-3\times2^2}{5-2}=\dfrac{75-12}{3}=21\,(\text{m/s})$

(2)で求めた平均の速さの値は，関数 $y=3x^2$ の x の値が 2 から 5 まで増加するときの変化の割合に等しい。

⑧ (1) 8 (2) ア 0 イ $\dfrac{9}{2}$

解説 (1) $y=\dfrac{1}{2}x^2$ に $x=-4$ を代入して，

$y=\dfrac{1}{2}\times(-4)^2=8$

(2) x の変域に 0 をふくむので，y の最小値は 0 となる。

y の最大値は $x=3$ に対応する値だから，

$y=\dfrac{1}{2}\times3^2=\dfrac{9}{2}$

2 いろいろな事象と関数，グラフの応用

Step 1 基礎力チェック問題 (p.56-57)

① (1) $y=\dfrac{1}{2}x^2$ (2) ア $\dfrac{1}{2}$ イ $\dfrac{9}{2}$ ウ 8

解説 (1) OP$=x$ cm のとき，OQ$=\dfrac{1}{2}x$ cm になるから，

$y=x\times\dfrac{1}{2}x=\dfrac{1}{2}x^2$

(2) $y=\dfrac{1}{2}x^2$ より，ア $\cdots y=\dfrac{1}{2}\times1^2=\dfrac{1}{2}$

イ $\cdots y=\dfrac{1}{2}\times3^2=\dfrac{9}{2}$　ウ $\cdots y=\dfrac{1}{2}\times4^2=8$

② (1) 85 cm 1100 円 120 cm 1300 円

(2)

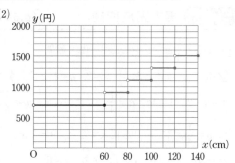

(3) いえる。

解説 x の変域を分けて考えると，

$0<x\leqq60$ のとき，$y=700$

$60 < x \leqq 80$ のとき, $y = 900$

$80 < x \leqq 100$ のとき, $y = 1100$

$100 < x \leqq 120$ のとき, $y = 1300$

$120 < x \leqq 140$ のとき, $y = 1500$

(1) $85\,\text{cm}$ のときは, $80 < x \leqq 100$ だから, $y = 1100$

$120\,\text{cm}$ のときは, $100 < x \leqq 120$ だから, $y = 1300$

(2) 上のように x の変域で分けてグラフをかく。<u>関数の中には, x の値が連続しても, y の値が連続せず, グラフが階段状になるものもある。</u>

(3) $0 < x \leqq 140$ の範囲において, x の値を決めると, それに対応して y の値が 1 つに決まる。このとき, y は x の関数であるといえる。

③ (1) $(-3,\ 3)$　(2) $(6,\ 12)$

　　(3) $a = \dfrac{1}{3}$　　(4) 27

解説 (1) $y = x + 6$ に $x = -3$ を代入すると, $y = 3$

したがって, 点 A の座標は $(-3,\ 3)$

(2) $y = x + 6$ に $x = 6$ を代入すると, $y = 12$

したがって, 点 B の座標は $(6,\ 12)$

(3) $y = ax^2$ が A$(-3,\ 3)$ を通るから,

$x = -3$, $y = 3$ を代入すると, $3 = a \times (-3)^2$, $a = \dfrac{1}{3}$

別解 点 B を利用して求めてもよい。

(4) 直線 AB と y 軸との交点を P とすると, P$(0,\ 6)$ $\triangle$OAB を $\triangle$OAP と $\triangle$OBP に分けて考えると, それぞれの三角形の底辺は OP, 高さは A, B の x 座標の絶対値になる。

$\triangle$OAP $= \dfrac{1}{2} \times 6 \times 3 = 9$, $\triangle$OBP $= \dfrac{1}{2} \times 6 \times 6 = 18$

したがって, $\triangle$OAB $= 9 + 18 = 27$

Step 2 実力完成問題　　　(p.58-59)

① (1) $y = \dfrac{1}{4}x^2$ $(y = 0.25x^2)$　(2) 6 秒間

解説 (1) $y = ax^2$ とおき, $x = 2$, $y = 1$ を代入する。

$1 = a \times 2^2$, $1 = 4a$, $a = \dfrac{1}{4}$　したがって, $y = \dfrac{1}{4}x^2$

(2) $y = \dfrac{1}{4}x^2$ に $y = 9$ を代入すると, $9 = \dfrac{1}{4}x^2$,

$x^2 = 36$, $x = \pm 6$, $x > 0$ だから, $x = 6$

x は振り子が 1 往復するのにかかる時間を表しているから, 正の数になる。解を求めたら, 必ずその検討をすること。

② (1) $y = 0.008x^2$ $\left(y = \dfrac{1}{125}x^2\right)$　(2) $51.2\,\text{m}$ $\left(\dfrac{256}{5}\,\text{m}\right)$

解説 (1) 速さを $x\,\text{km/h}$, 制動距離を $y\,\text{m}$ とすると, $y = ax^2$ とおける。$x = 30$, $y = 7.2$ を代入すると, $7.2 = a \times 30^2$, $7.2 = 900a$, $a = 0.008$

よって, $y = 0.008x^2$

> **ミス対策** 時速の単位が「km」だからといって, 制動距離の単位を km になおさないこと。時速 $x\,\text{km}$ に対応する制動距離が $y\,\text{m}$ だから, y の単位はこのままでよい。

(2) $y = 0.008x^2$ に $x = 80$ を代入すると, $y = 0.008 \times 80^2 = 51.2$

③ (1) $y = \dfrac{9}{2}$

　　(2)① $y = \dfrac{1}{2}x^2$

　　　② $y = 4x - 8$

　　グラフは右の図

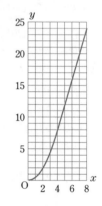

解説 (1) $x = 3$ のとき, $y = \dfrac{1}{2} \times 3 \times 3 = \dfrac{9}{2}$

(2) 重なってできる図形は, $0 \leqq x \leqq 4$ のときは等しい辺の長さが $x\,\text{cm}$ の直角二等辺三角形になり, $4 \leqq x \leqq 8$ のときは上底 $(x-4)\,\text{cm}$, 下底 $x\,\text{cm}$, 高さ $4\,\text{cm}$ の台形になる。

① $y = \dfrac{1}{2} \times x \times x$ より, $y = \dfrac{1}{2}x^2$

グラフは, $0 \leqq x \leqq 4$ の範囲で放物線になる。

② $y = \dfrac{1}{2} \times \{(x-4)+x\} \times 4$ より, $y = 4x - 8$

グラフは, $4 \leqq x \leqq 8$ の範囲で直線になる。

① $0 \leqq x \leqq 4$ のとき　　② $4 \leqq x \leqq 8$ のとき

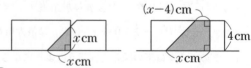

④ (1) $y = 3$

　　(2) **右の図**

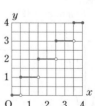

解説 (1) 2.7 の小数第 1 位を四捨五入すると, 3

(2) x の変域を分けると，

0≦x<0.5 のとき，$y=0$

0.5≦x<1.5 のとき，$y=1$

1.5≦x<2.5 のとき，$y=2$

2.5≦x<3.5 のとき，$y=3$

3.5≦x≦4 のとき，$y=4$

5 (1) $y=6x+36$　(2) $y=4x+16$

解説 点 P，Q の座標を求めてから，求める直線 PQ の式を $y=ax+b$ として，この式に2点 P，Q の x 座標，y 座標の値をそれぞれ代入し，a，b についての連立方程式を解く。

(1) 2点 P，Q の座標は，P$(-3,\ 18)$ と Q$(6,\ 72)$

これを $y=ax+b$ に代入すると，

$$\begin{cases} 18=-3a+b \\ 72=6a+b \end{cases} \text{より，} \begin{cases} a=6 \\ b=36 \end{cases}$$

よって，$y=6x+36$

別解 2点を通る直線の傾きは，$\dfrac{72-18}{6-(-3)}=6$ より，

直線 PQ を $y=6x+b$ とおいて，式を求めてもよい。

(2) 2点 P，Q の座標は，P$(-2,\ 8)$ と Q$(4,\ 32)$

これを $y=ax+b$ に代入すると，

$$\begin{cases} 8=-2a+b \\ 32=4a+b \end{cases} \text{より，} \begin{cases} a=4 \\ b=16 \end{cases}$$

よって，$y=4x+16$

6 (1) $a=\dfrac{1}{3}$　(2) $y=x+6$　(3) 27

解説 (1)点 A は $y=x$ 上の点なので，y 座標は3

放物線 ℓ は $y=ax^2$ で，A$(3,\ 3)$ を通る。

よって，$3=a\times 3^2$，$a=\dfrac{1}{3}$

(2) 点 B は $y=\dfrac{1}{3}x^2$ 上の点で，y 座標は点 A と等しいから3　よって，x 座標は，$3=\dfrac{1}{3}x^2$，$x=\pm 3$

$x<0$ より，$x=-3$

直線②は $y=x$ と平行な直線なので，$y=x+b$ と表せる。この直線が B$(-3,\ 3)$ を通るので，

$3=(-3)+b$，$b=6$　よって，$y=x+6$

別解 点 A，B は y 軸について対称であることから，点 B の x 座標を求めてもよい。

(3) 点 C は，$y=\dfrac{1}{3}x^2$ と $y=x+6$ との交点だから，

$\dfrac{1}{3}x^2=x+6$ より，

$x^2-3x-18=0$，$(x+3)(x-6)=0$，$x=-3$，$x=6$

$x>0$ より，$x=6$

よって，点 C の x 座標は6

$y=\dfrac{1}{3}\times 6^2=12$ より，点 C の y 座標は12

△ABC の底辺を AB とすると，AB$=3+3=6$

高さは点 C の y 座標から点 A の y 座標をひいた値になるので，$12-3=9$

よって，△ABC$=\dfrac{1}{2}\times 6\times 9=27$

7 (1) $0≦y≦9$　(2) $y=4x-3$　(3) 11

解説 (1)x の変域に0をふくむので，y の最小値は0となる。

y の最大値は $x=3$ に対応する値だから，

$y=3^2=9$

(2) 点 A，B は関数 $y=x^2$ のグラフ上にある。

点 A の x 座標は1だから，y 座標は，$y=1^2=1$

よって，点 A の座標は，A$(1,\ 1)$

点 B の x 座標は3だから，y 座標は，$y=3^2=9$

よって，点 B の座標は，B$(3,\ 9)$

これより，直線 AB の傾きは，$\dfrac{9-1}{3-1}=4$

直線 AB の式を $y=4x+b$ として，$x=1$，$y=1$ を代入すると，$1=4+b$，$b=-3$

したがって，直線 AB の式は，$y=4x-3$

(3) 線分 AB を平行移動するので，点 C の x 座標と点 D の x 座標の差は，点 A の x 座標と点 B の x 座標の差と等しくなる。点 B の x 座標から点 A の x 座標をひいた差は，$3-1=2$ で，点 D の x 座標が-1なので，点 C の x 座標は，点 D の x 座標より2小さく，$-1-2=-3$ となる。

点 C は関数 $y=\dfrac{1}{3}x^2$ のグラフ上の点なので，

$y=\dfrac{1}{3}x^2$ に $x=-3$ を代入すると，

$y=\dfrac{1}{3}\times(-3)^2=3$ より，C$(-3,\ 3)$

点 C の y 座標と点 D の y 座標の差も，点 A の y 座標と点 B の y 座標の差と等しくなる。点 B の y 座標から点 A の y 座標をひいた差は，$9-1=8$ で，点 C の y 座標が3なので，点 D の y 座標は，$3+8=11$ となる。

定期テスト予想問題① (p.60-61)

1 (1) ア，イ，ウ，カ　(2) ア，ウ，エ

　(3) イ，エ　　　　　 (4) イ，ウ，オ

解説 それぞれの関数のグラフがどんな形になるか，簡単な図をかいてみるとよい。

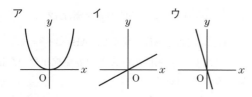

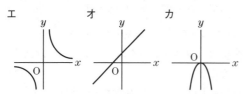

(3) **オ**は，x の値が $-3 \leqq x < 0$ のとき，y の値が負にならないのであてはまらない。

(4) **ア**，**カ**のような y が x の2乗に比例する関数，**エ**のような反比例の関係ではグラフが曲線になり，変化の割合は一定ではないことに注意する。

2 (1) $y = \dfrac{1}{4} x^2$

(2) $y = 9$

(3) $x = \pm\dfrac{1}{2}$

(4) 右の図

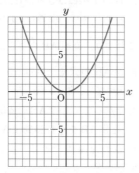

解説 (1) $y = ax^2$ とおき，$x = -4$，$y = 4$ を代入すると，

$4 = a \times (-4)^2$，$a = \dfrac{1}{4}$　よって，$y = \dfrac{1}{4} x^2$

(2) $y = \dfrac{1}{4} \times 6^2$ より，$y = 9$

(3) $\dfrac{1}{16} = \dfrac{1}{4} \times x^2$ より，$x^2 = \dfrac{1}{4}$，$x = \pm\dfrac{1}{2}$

(4) 対応表を書くと，下のようになる。

x	-6	-4	-2	0	2	4	6
y	9	4	1	0	1	4	9

3 (1) $a = -2$　(2) 12　(3) $-8 \leqq y \leqq 0$

(4) $b = -4$，$c = 0$

解説 (1) $y = ax^2$ のグラフが点 $(2, -8)$ を通るから，

$-8 = a \times 2^2$，$a = -2$

(2) $\dfrac{(-2) \times (-1)^2 - (-2) \times (-5)^2}{-1 - (-5)} = 12$

(3) 比例定数が負で，x の変域に0がふくまれるので，$x = 0$ のとき最大値 $y = 0$，$x = -2$ のとき最小値 $y = -8$

(4) y の値が -32 のとき，$-32 = -2 \times x^2$，$x^2 = 16$，

$x = \pm 4$　$x \leqq 3$ より，$x = -4$　よって，$b = -4$

x の変域が $-4 \leqq x \leqq 3$ で0がふくまれるので，

$x = 0$ のとき最大値 $y = 0$　よって，$c = 0$

4 (1) $y = \dfrac{2}{3} x^2$　(2) 4 m/s　(3) 2 m/s

解説 (1) $y = ax^2$ とおく。グラフが点 $(3, 6)$ を通るから，$6 = a \times 3^2$，$a = \dfrac{2}{3}$

(2) 2秒後から4秒後まで転がった時間は，

$4 - 2 = 2$（秒）

その間に転がった距離は，

$\dfrac{2}{3} \times 4^2 - \dfrac{2}{3} \times 2^2 = 8$（m）

よって，$\dfrac{8}{2} = 4$（m/s）

(3) A さんは，おり始めてから3秒後に球と同じ地点にいることになるので，3秒間に6 m 進んでいる。

したがって，$\dfrac{6}{3} = 2$（m/s）

5 (1) **式**　$y = \dfrac{1}{2} x^2$　**変域**　$0 \leqq x \leqq 4$

(2) **式**　$y = -2x + 16$　**変域**　$4 \leqq x \leqq 8$

解説 (1) 点 P が辺 AB 上にあるとき，AB $= 4$ cm だから，x の変域は，$0 \leqq x \leqq 4$

このとき，点 P，Q の位置は右の図のようになるから，

$y = \dfrac{1}{2} \times x \times x = \dfrac{1}{2} x^2$

(2) 点 P が辺 BC 上にあるとき，x の変域は，$4 \leqq x \leqq 8$

このとき，点 P，Q の位置は右の図のようになるから，

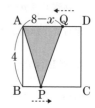

$y = \dfrac{1}{2} \times (8 - x) \times 4 = -2x + 16$

6 (1) $a = -2$　(2) $b = \dfrac{1}{3}$

解説 (1) 点 P は $y = \dfrac{1}{2} x^2$ のグラフ上の点で，x 座標が2だから，その y 座標は，$y = \dfrac{1}{2} \times 2^2 = 2$

$y = ax + 6$ のグラフも P$(2, 2)$ を通るので，

$2 = a \times 2 + 6$ より，$a = -2$

(2) $\triangle$OPQ の底辺を OQ，高さを点 P の x 座標 $(x > 0)$ とみると，$y = -x + 6$ より，OQ $= 6$ だから，

$\triangle$OPQ $= \dfrac{1}{2} \times 6 \times x = 9$ より，$x = 3$

点 P は $y = -x + 6$ のグラフ上の点だから，

その y 座標は，$y=-3+6=3$

$y=bx^2$ のグラフも P(3, 3) を通るので，

$3=b\times3^2$ より，$b=\dfrac{1}{3}$

定期テスト予想問題② （p.62-63）

1 (1) $a=3$ (2) $0\leqq y\leqq4$ (3) -21 (4) $y=2x^2$

解説 (1) $12=a\times2^2$ より，$a=3$

(2) x^2 の係数が正で，x の変域に0がふくまれるので，

$x=0$ のとき最小値 $y=0$，$x=-2$ のとき最大値 $y=4$

(3) $\dfrac{3\times(-2)^2-3\times(-5)^2}{(-2)-(-5)}=-21$

(4) $\dfrac{a\times6^2-a\times2^2}{6-2}=16$ より，$a=2$

2 (1) ウ (2) イ (3) ア

解説 変化の割合は，x の増加量に対する y の増加量の割合なので，2点間の変化の割合は，その2点を通る直線の傾きに等しい。よって，1次関数の変化の割合は<u>一定</u>で，2乗に比例する関数では<u>一定にならない</u>。右の図のように，①のグラフで(1)〜(3)の場合の傾きを小さい順に書くと，

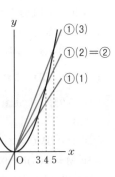

①の(1)<①の(2)=②<①の(3)

したがって，(1) ①<② (2) ①=② (3) ①>②

3 (1) $y=5x^2$ (2) 20 m/s (3) 4 秒

解説 (1) $y=ax^2$ とおき，$x=3$，$y=45$ を代入すると，

$45=a\times3^2$，$a=5$

(2) $\dfrac{5\times3^2-5\times1^2}{3-1}=20(\text{m/s})$

(3) $80=5x^2$ より，$x^2=16$，$x=\pm4$

$x>0$ より，$x=4$

4 (1) 下の図

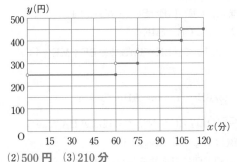

(2) 500 円 (3) 210 分

解説 (1) 表のように，x の変域で分けてグラフをかく。グラフは<u>階段状</u>の形で表される。

(2) $105<x\leqq120$ のとき，$y=450$ だから，

$120<x\leqq135$ のとき，$y=500$ となる。

(3) はじめの60分までが250円なので，料金が750円のとき，延長時間の加算分は 500 円。

15分ごとに50円ずつの加算なので，500円では，

$15\times(500\div50)=150(分)$ が最大の延長時間になる。

これをはじめの60分に加えると，$60+150=210(分)$

5 (1) $4:5$ (2) $\dfrac{8}{5}$

解説 (1) 点 A の x 座標が2のとき，点 A，B は $y=x^2$ のグラフ上の点，点 C，D は $y=-\dfrac{1}{4}x^2$ のグラフ上の点だから，それぞれの座標は，A(2, 4)，B(-2, 4)，C(-2, -1)，D(2, -1) となる。

AB$=2-(-2)=4$，AD$=4-(-1)=5$ より，

AB : AD$=4:5$

(2) 点 A の x 座標を a とすると，

AB$=a-(-a)=2a$，AD$=a^2-\left(-\dfrac{1}{4}a^2\right)=\dfrac{5}{4}a^2$

AB$=$AD となるから，$2a=\dfrac{5}{4}a^2$ より，

$5a^2-8a=0$，$a(5a-8)=0$，$a=0$，$\dfrac{8}{5}$

$a>0$ より，$a=\dfrac{8}{5}$

6 (1) $y=\dfrac{1}{180}x^2$ (2) $\dfrac{80}{9}$ m (3) 57.5 m

解説 (1) $y=ax^2$ に $x=60$，$y=20$ を代入して，

$20=a\times60^2$，$a=\dfrac{1}{180}$

(2) $y=\dfrac{1}{180}x^2$ に $x=40$ を代入して，$y=\dfrac{1}{180}\times40^2=\dfrac{80}{9}$

(3) $y=\dfrac{1}{180}x^2$ に $y=45$ を代入して，$45=\dfrac{1}{180}x^2$

$x^2=8100$，$x=\pm90$　$x\geqq0$ より，$x=90$

よって，時速 90 km だから，0.5秒間に進む距離は，

$90\times1000\div3600\times0.5=12.5(\text{m})$

よって，求める距離は，$45+12.5=57.5(\text{m})$

1 相似な図形

Step 1 基礎力チェック問題 （p.64-65）

1 (1) ∠A と∠F，∠B と∠G，∠C と∠H，
∠D と∠E
(2) 辺 AB と辺 FG，辺 BC と辺 GH，
辺 CD と辺 HE，辺 DA と辺 EF

解説 (1) 対応する頂点は対応する角と同じ。記号∽
で表した式に着目する。
(2) 四角形 ABCD の 4 つの辺が四角形 FGHE の 4
つの辺にすべて対応している。

2 (1) 3 : 5 (2) 4.5 cm

解説 (1) 辺 AB に対応する辺は，辺 DE だから，2
つの図形の相似比は 3 : 5
(2) 対応する辺の比は，相似比に等しいことから，
BC : 7.5＝3 : 5，5BC＝22.5，BC＝4.5(cm)

3 三角形の組…△ABC∽△RQP
相似条件…3 組の辺の比がすべて等しい。
三角形の組…△DEF∽△KJL
相似条件…2 組の角がそれぞれ等しい。
三角形の組…△GHI∽△NOM
相似条件…2 組の辺の比とその間の角がそれぞれ
等しい。

解説 まず，1 つの三角形を決めて，それと相似な三
角形を探していくとよい。
・AB : RQ＝5 : 10＝1 : 2，BC : QP＝6 : 12
＝1 : 2，CA : PR＝4 : 8＝1 : 2
・∠E＝180°－(100°＋50°)＝30°
∠L＝180°－(100°＋30°)＝50°
・GI : NM＝7.5 : 5＝3 : 2
IH : MO＝6 : 4＝3 : 2
また，∠I＝∠M

4 (1) △ABC∽△DBE
(2) 2 組の角がそれぞれ等しい。
(3) △ABC∽△DBA
(4) 2 組の辺の比とその間の角がそれぞれ等しい。

解説 角の大きさが書かれていなくても，共通な角
は等しい。
(1)(2) ∠ABC＝∠DBE，∠ACB＝∠DEB
(3)(4) AB : DB＝BC : BA＝3 : 2，∠ABC＝∠DBA

5 (順に) ACB(C)，2 組の角

解説 ∠ADE に対応する角は∠ACB。対応する順に
書くこと。

Step 2 実力完成問題 （p.66-67）

1 (1) 33° (2) △ABC∽△CBD (3) $\dfrac{a^2}{4}$

解説 (1) AB＝AC から，
∠ABC＝(180°－38°)÷2＝71°
BC＝DC から，∠CDB＝∠CBD＝71°
△ADC の内角と外角の関係から，
38°＋∠ACD＝71°
∠ACD＝71°－38°＝33°
(2) △ABC と△CBD で，
(1)より，∠ABC＝∠ACB＝71°
∠CBD＝∠CDB＝71°
したがって，∠ABC＝∠CBD，∠ACB＝∠CDB よ
り，2 組の角がそれぞれ等しいから，△ABC∽△CBD
△ABC∽△CDB と答えてもよい。
(3) 対応する辺の比は等しいから，
AB : CB＝CB : BD で，
4 : a＝a : BD これより，BD＝$\dfrac{a^2}{4}$

2 (1) △BMC，△CME，△CND
(2) 4 : 1

解説 (1) △BMC と△CND で，
∠BCM＝∠CDN＝90°，BC＝CD，CM＝DN
2 組の辺とその間の角がそれぞれ等しいから，
△BMC≡△CND
よって，∠MBC＝∠NCD
一方，∠MBC＋∠BMC＝90°
したがって，△CME において，
∠NCD＋∠BMC＝90° だから，∠CEM＝90°
これらのことから，△BMC，△CME，△CND は
どれも∠EBC に等しい角と直角がある。2 組の角
がそれぞれ等しいから，△BCE と相似である。
(2) △BCE∽△CME において，対応する辺の比は等
しいから，BE : CE＝BC : CM＝2 : 1
よって，BE＝2CE
また，CE : ME＝BC : CM＝2 : 1
よって，CE＝2ME
したがって，BE＝4ME で，BE : ME＝4 : 1

3 (1) 5 : 3 (2) 5 : 4
(3) BD…$\dfrac{18}{5}$ cm AD…$\dfrac{24}{5}$ cm

解説 (1) 辺 BC に対応する辺は辺 BA だから，
BC : BA＝10 : 6＝5 : 3
(2) 辺 BC に対応する辺は辺 AC だから，
BC : AC＝10 : 8＝5 : 4

(3)(1)より，AB：DB＝5：3だから，

6：DB＝5：3，5DB＝18，DB＝$\frac{18}{5}$(cm)

(2)より，AB：DA＝5：4だから，

6：DA＝5：4，5DA＝24，DA＝$\frac{24}{5}$(cm)

> **ミス対策** 重なっている図形の対応する辺はまちがいやすい。同じ向きに並べてかいてみると，対応する辺がわかりやすくなる。

④ (1)△CEB

(2)2組の角がそれぞれ等しい。

(3)3：4

解説 (1)対頂角は等しいから，∠AEF＝∠CEB
平行線の錯角は等しいから，∠FAE＝∠BCE
平行線の錯角は，∠AFE＝∠CBE と考えてもよい。
(3)相似比は，対応する辺の比と等しいから，
AF：CB＝6：8＝3：4

⑤ 〔証明〕 △BPD と △CPE で，
仮定より，∠PDB＝∠PEC＝90°　…①
二等辺三角形の底角は等しいから，
∠DBP＝∠ECP　…②
①，②より，2組の角がそれぞれ等しいから，
△BPD∽△CPE

解説 長さの関係が与えられていないから，<u>角の大きさで証明する</u>。△BPD と △CPE はともに直角三角形だから，直角以外にもう1つ等しい角を見つければよい。

⑥ 〔証明〕 △ABD と △ACE で，
∠BAD＝∠BAC－∠DAC
∠CAE＝∠DAE－∠DAC
一方，△ABC∽△ADE から，
∠BAC＝∠DAE
したがって，∠BAD＝∠CAE　…①
また，AB：AD＝AC：AE から，
AB：AC＝AD：AE　…②
①，②より，2組の辺の比とその間の角がそれぞれ等しいから，
△ABD∽△ACE

解説 △ABC∽△ADE から，対応する辺の比や対応する角の大きさが等しいことを使う。
また，比について，
$a：b＝c：d$…③ ➡ $ad＝bc$
$a：c＝b：d$…④ ➡ $ad＝bc$
したがって，③ならば④が成り立つことがわかる。

⑦ $\frac{9}{7}$

解説 点Aが辺BC上の点Pに重なるように折った図なので，△AQR≡△PQR となり，∠ARP＝90°のとき，四角形 ARPQ は正方形となる。
CR＝x とおくと，CA＝3 より，
PR＝AR＝3－x
△CRP と △CAB において，∠ARP＝90° だから，
∠CRP＝∠CAB＝90°，
∠RCP＝∠ACB より，2組の角がそれぞれ等しいから，△CRP∽△CAB
相似な図形の対応する辺の比は等しいから，
CR：RP＝CA：AB＝3：4
よって，x：(3－x)＝3：4より，$x＝\frac{9}{7}$

2　平行線と線分の比

Step 1 基礎力チェック問題　(p.68-69)

① (1)$x＝12$　(2)$x＝6$　(3)$x＝8$　(4)$x＝8.4$

解説 (1)三角形と比の定理から，
AD：AB＝DE：BC で，3：9＝4：x，$x＝12$
(2)三角形と比の定理から，AD：DB＝AE：EC で，
4：8＝3：x，$x＝6$
(3)平行線と線分の比の定理から，
6：9＝x：12，$x＝8$
(4)(3)と同様に，(15.4－x)：$x＝5$：6
これを解くと，$x＝8.4$
<u>線分の比では，等しい比の線分をとりちがえることが多い。求める線分に対応する線分はどれかを考えること。</u>

② (1)$x＝4.5$，$y＝5$　(2)$x＝4$，$y＝50$

解説 (1)AM＝MB，AN＝NC より，
中点連結定理から，MN＝$\frac{1}{2}$BC なので，
$y＝\frac{1}{2}×10＝5$
(2)AM＝MC，BN＝NC より，中点連結定理から，
$x＝\frac{1}{2}×8＝4$
MN∥AB で，平行線の同位角は等しいから，$y＝50$

③ (1)1：1　(2)5cm　(3)8cm

解説 <u>どの三角形で，三角形と比の定理や中点連結定理を使うのかを見きわめる。</u>
(1)△ABC で，三角形と比の定理から，
AE：EB＝AG：GC＝1：1

(2)(1)より，点 G は AC の中点。

△ABC で，中点連結定理から，

$EG=\dfrac{1}{2}BC=\dfrac{1}{2}\times10=5$ (cm)

(3)△ACD で，三角形と比の定理から，

CG：GA＝CF：FD＝1：1

中点連結定理から，$GF=\dfrac{1}{2}AD=\dfrac{1}{2}\times6=3$ (cm)

EF＝EG＋GF＝5＋3＝8(cm)

4 (1)3：4　(2)4.5 cm

解説 (1)平行四辺形 ABCD で，AB//DC

だから，AB//FD

これより，三角形と比の定理から，

AE：DE＝AB：DF＝4：3

平行四辺形 ABCD より，AB＝DC

したがって，FD：DC＝FD：AB＝3：4

(2)(1)より，FD：DC＝3：4 だから，

FD：6＝3：4，4FD＝18，FD＝4.5(cm)

5 10.5 cm

解説 中点連結定理を使って求める。

$DF=\dfrac{1}{2}BC=\dfrac{1}{2}\times8=4$ (cm)

$DE=\dfrac{1}{2}AC=\dfrac{1}{2}\times7=3.5$ (cm)

$EF=\dfrac{1}{2}BA=\dfrac{1}{2}\times6=3$ (cm)

したがって，4＋3.5＋3＝10.5(cm)

別解 △ABC の周の長さの半分と考えてもよい。

$(AB+BC+CA)\times\dfrac{1}{2}=(6+8+7)\times\dfrac{1}{2}=10.5$ (cm)

Step 2 実力完成問題　　(p.70-71)

1 (1)$x=\dfrac{15}{4}$，$y=\dfrac{24}{5}$　(2)$x=2.5$

解説 (1)DE//BC だから，AE：AC＝AD：AB

$x：6=5：(5+3)$，$8x=30$，$x=\dfrac{15}{4}$

次に，AD：AB＝DE：BC から，

$5：(5+3)=3：y$，$5y=24$，$y=\dfrac{24}{5}$

別解 AE：EC＝AD：DB から求めてもよい。

$x：(6-x)=5：3$　これを解くと，$x=\dfrac{15}{4}$

(2)$x：7.5=3：(3+6)$，$9x=22.5$，$x=2.5$

別解 $x：(7.5-x)=3：6$ から求めてもよい。

2 (1)15 cm　(2)$\dfrac{16}{5}$ cm

解説 (1)△ABC で，三角形と比の定理から，

AE：AB＝EG：BC より，6：(6＋4)＝9：BC，

6BC＝90，BC＝15(cm)

> **ミス対策** 対応する線分のまちがいに注意する
> こと。△ABC と △ACD を分けて考える。

(2)△ABC で，AE：EB＝AG：GC＝3：2

△ACD で，CG：CA＝2：(2＋3)＝2：5 だから，

GF：8＝2：5，5GF＝16，$GF=\dfrac{16}{5}$ (cm)

3 (1)6 cm　(2)1.5 倍　(3)6：1

解説 (1)AD＝DE＝EC，BF＝FC だから，

△CDB において，中点連結定理を使うと，

DB＝2EF＝2×3＝6(cm)

(2)(1)より EF//DB だから，△AFE で，

DG：EF＝1：(1＋1)＝1：2 より，DG＝1.5(cm)

GB＝DB－DG＝6－1.5＝4.5(cm)

したがって，4.5÷3＝1.5(倍)

(3) 高さが同じで，底辺の長さがちがう三角形の面積比は，底辺の長さの比に等しい。

△EFC と△AFC は，高さが同じで，底辺の長さの比が1：3だから，面積比は1：3

これより，△EFC の面積を1とすると△AFC の面積は3となる。

また，△ABC と△AFC は，高さが同じで，底辺の長さの比が2：1だから，面積比は2：1

これより，△AFC の面積が3のとき，

△ABC：3＝2：1で，△ABC の面積は6となる。

したがって，△ABC と△EFC の面積比は6：1

4 18 cm

解説 △BDC で，EF//CD から，

EF：CD＝BF：BD …①

また，△BDA で，EF//AB から，

BD：FD＝9：6＝3：2

よって，BF：BD＝(3－2)：3＝1：3 …②

①，②から，6：CD＝1：3　CD＝6×3＝18(cm)

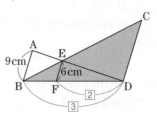

5 5 cm

解説 AD//EC から，

∠AEC＝∠BAD(同位角)，∠ACE＝∠CAD(錯角)こ

こで，∠BAD＝∠CAD だから，∠AEC＝∠ACE

よって，△ACE は二等辺三角形で，AE＝AC＝8cm

△BCE で，AD∥EC から，BD：DC＝BA：AE
よって，BD：4＝10：8，8BD＝40，BD＝5(cm)

6 $\frac{1}{2}$(BC－AD)

解説 下の図のように，直線 DQ をひき，BC との交点を E とする。

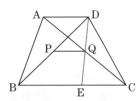

△AQD と△CQE で，
仮定より，AD∥EC
三角形と比の定理から，
AQ：CQ＝DQ：EQ＝AD：CE＝1：1
したがって，DQ＝EQ …①
AD＝CE …②
また，△DBE で，仮定より，DP＝PB
①から，DQ＝QE
よって，中点連結定理から，PQ＝$\frac{1}{2}$BE
ここで，BE＝BC－CE
②から，CE＝AD だから，BE＝BC－AD
PQ＝$\frac{1}{2}$BE＝$\frac{1}{2}$(BC－AD)

中点がいくつかあるときは，まず，中点連結定理の利用を考える。ここでは，中点連結定理が利用できるように，補助線をひいて，P，Q を中点とする 2 辺をもつ三角形をつくることが必要になっている。

7 〔証明〕 △DAB で，
DM＝MA，DP＝PB
これより，中点連結定理から，MP＝$\frac{1}{2}$AB
同様にして，△BCD で，
BN＝NC，BP＝PD より，NP＝$\frac{1}{2}$CD
仮定より，AB＝CD だから，
MP＝NP
したがって，△PMN は二等辺三角形である。

解説 二等辺三角形であることを証明するには，「2 辺が等しいこと」または，「2 角が等しいこと」のどちらかをいえばよい。

8 75 cm²

解説 点 E，F はそれぞれ辺 AD，BC の中点だから，
AE＝ED＝BF＝FC＝15 cm
AE∥BC より，EM：BM＝AE：CB＝15：30＝1：2

これより，△CEM＝$\frac{1}{3}$△BCE

また，ED∥BF，ED＝BF より，四角形 EBFD は平行四辺形なので，NF∥MB よって，三角形と比の定理から，CN：NM＝CF：FB＝15：15＝1：1
△CGN∽△CEM より，CN：CM＝1：2 だから，面積比は 1：4 より，△CGN の面積は，△CEM の面積の $\frac{1}{4}$ となる。

四角形 EMNG＝△CEM－△CGN

四角形 EMNG＝$\frac{3}{4}$△CEM＝$\frac{3}{4}$×$\frac{1}{3}$△BCE

$=\frac{3}{4}×\frac{1}{3}×\frac{1}{2}×$四角形 ABCD

$=\frac{3}{4}×\frac{1}{3}×\frac{1}{2}×30×20＝75(\text{cm}^2)$

3 相似な図形の計量と応用

Step 1 基礎力チェック問題 　(p.72-73)

1 (1) 4 cm　(2) 1：2　(3) 1：4

解説 (1) 相似比は 1：2 だから，
2：EF＝1：2，EF＝4(cm)
(2) 周の長さの比は，相似比に等しいから，1：2
別解 辺の長さをたして求めてもよい。
(4＋2＋3)：(8＋4＋6)＝9：18＝1：2
(3) 相似比が $m：n$ の相似な図形の面積比は $m^2：n^2$ である。△ABC と△DEF の面積比は，$1^2：2^2＝1：4$

2 (1) 3：4　(2) 9：16　(3) 27：64

解説 (1) 相似比は，対応する辺の比に等しいから，
9：12＝3：4　または，6：8＝3：4
(2) 相似な立体の表面積の比は，相似比の 2 乗に等しい。体積比とまちがえないように注意する。
(1)より，相似比は 3：4 だから，表面積の比は，
$3^2：4^2＝9：16$
(3) 相似比が $m：n$ の相似な立体の体積比は $m^3：n^3$ である。A と B の体積比は，$3^3：4^3＝27：64$

3 (1) 5：4　(2) 25：16

解説 (1) 対応する辺の比を考える。辺 AB に対応する辺は辺 DB だから，10：8＝5：4
(2)(1)より，相似比は 5：4 だから，面積比は，
$5^2：4^2＝25：16$

4 (1) 150π cm²　(2) 54π cm³

解説 (1) P と Q の相似比は，6：10＝3：5 だから，表面積の比は，$3^2：5^2＝9：25$
したがって，54π：(Q の表面積)＝9：25

これより，Q の表面積は，$54\pi \times 25 \div 9 = 150\pi(\text{cm}^2)$

(2) P と Q の体積比は，$3^3 : 5^3 = 27 : 125$

したがって，（P の体積）：$250\pi = 27 : 125$

$250\pi \times 27 \div 125 = 54\pi$ より，P の体積は，$54\pi \text{ cm}^3$

⑤ 5 m

解説 $\triangle ABC$ と $\triangle DEF$ で，$\angle B = \angle E = 90°$

太陽の光は平行だから，$\angle C = \angle F$

これより，$\triangle ABC \backsim \triangle DEF$

2 つの図形の相似比は，$0.8 : 4 = 1 : 5$

したがって，$AB : DE = 1 : 5$ だから，$DE = 5(\text{m})$

⑥ 約 23.5 m

解説 縮図の縮尺は，$3.6 \div 1800 = \dfrac{1}{500}$

A'B' をはかると，約 4.7 cm だから，実際の A，B 間の距離は，$4.7 \times 500 = 2350(\text{cm})$

つまり，約 23.5 m

Step 2 実力完成問題 (p.74-75)

① (1) $3 : 7$ (2) $9 : 49$

解説 (1) 2 組の角がそれぞれ等しいから，

$\triangle AOD \backsim \triangle COB$ より，$AO : CO = AD : CB = 3 : 7$

(2) $\triangle AOD$ と $\triangle COB$ の相似比は $3 : 7$

面積比は，相似比の 2 乗に等しいから，$3^2 : 7^2 = 9 : 49$

② (1) $2 : 1$ (2) $4 : 1$ (3) $8 : 1$

解説 (1) 点 C は AB の中点だから，$AC = \dfrac{1}{2}AB$

したがって，$AB : AC = 2 : 1$

(2) P と Q の相似比は，高さの比に等しいので $2 : 1$

したがって，表面積の比は，$2^2 : 1^2 = 4 : 1$

(3) P と Q の相似比は $2 : 1$ だから，体積比は，

$2^3 : 1^3 = 8 : 1$

③ **周の長さの比…$3 : 4$ 面積比…$9 : 16$**

解説 円のときも，相似比は対応する部分の長さの比に等しいから，円 O と O' の相似比は，$1.5 : 2 = 3 : 4$

周の長さの比は，相似比に等しい。

> **ミス対策** 周の長さの比は，相似比と等しい。面積比とまちがえないように注意する。また，比を表すときは，最も簡単な整数の比にすること。

④ (1) $25 : 4$ (2) $8 : 27$ (3) 192 cm^2

解説 (1) $5^2 : 2^2 = 25 : 4$

(2) $2^3 : 3^3 = 8 : 27$

(3) 表面積の比は $1^2 : 4^2 = 1 : 16$ だから，

$12 : (\text{B の表面積}) = 1 : 16$

これより，B の表面積は 192 cm^2

⑤ $1 : 4$

解説 平行四辺形の対角線は中点で交わるので，

$DO = OB$ より，

$DO : OB = 1 : 1$

$\triangle DBM$ で，OF//BM だから，

三角形と比の定理より，$DO : DB = OF : BM = 1 : 2$

また，点 M は辺 BC の中点だから，$BM = MC$

したがって，$OF : BM = OF : CM = 1 : 2$

OF//MC より，2 組の角がそれぞれ等しいから，

$\triangle OEF \backsim \triangle CEM$

よって，$\triangle OEF$ と $\triangle CEM$ の面積比は，$1^2 : 2^2 = 1 : 4$

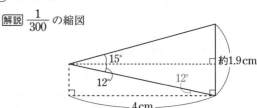

⑥ (1) $27 : 1$ (2) 104 cm^3

解説 (1) P と Q の高さの比は $3 : 1$ だから，相似比は $3 : 1$　したがって，体積比は，$3^3 : 1^3 = 27 : 1$

(2) (1)より，P と Q の体積比は，$27 : 1$

よって，P と R の体積比は，$27 : (27-1) = 27 : 26$

これより，$108 : (\text{R の体積}) = 27 : 26$

これを解くと，R の体積は，$108 \times 26 \div 27 = 104(\text{cm}^3)$

⑦ 約 5.7 m

解説 $\dfrac{1}{300}$ の縮図

家から木までの距離 12 m は，縮図上では，

$1200 \times \dfrac{1}{300} = 4(\text{cm})$

上の縮図で，木の高さをはかると約 1.9 cm だから，実際の木の高さは，$1.9 \times 300 = 570$，$570 \text{ cm} \rightarrow 5.7 \text{ m}$

⑧ $76\pi \text{ cm}^3$

解説 3 等分した立体を，高さが 1 の円錐，高さが 2 の円錐，高さが 3 の円錐（もとの円錐）と考えると，この 3 つの立体の相似比は，$1 : 2 : 3$

体積比は，$1^3 : 2^3 : 3^3 = 1 : 8 : 27$

次の図のように，いちばん上の円錐，まん中の立体，いちばん下の立体の体積比を考えると，

$1 : (8-1) : (27-8) = 1 : 7 : 19$ となる。

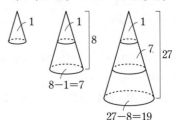

まん中の立体の体積が $28\pi\,\mathrm{cm}^3$ だから，いちばん下の立体の体積を $V\,\mathrm{cm}^3$ とすると，

$7:19=28\pi:V$ より，$7V=532\pi$，

$V=76\pi(\mathrm{cm}^3)$

定期テスト予想問題 ①　　(p.76-77)

1 (1) $\triangle ABC\varnothing\triangle DEF$

(2) 2 組の角がそれぞれ等しい。

(3) $2:3$　(4) $7.5\,\mathrm{cm}$

解説 (1) 対応する頂点の順に書く。

(2) $\angle ABC=\angle DEF$，$\angle ACB=\angle DFE$

(3) 相似比は対応する辺の比に等しいから，

$BC:EF=6:9=2:3$

(4) $5:DF=2:3$，$2DF=15$，$DF=7.5(\mathrm{cm})$

2 (1) $x=4.5$　(2) $x=4.5$　(3) $x=\dfrac{35}{12}$

解説 (1) $DE/\!/BC$ で，三角形と比の定理から，

$AD:AB=DE:BC$ だから，

$x:(x+3)=3:5$　これを解くと，$x=4.5$

(2) AD，EF，BC は平行だから，平行線と線分の比の定理を使うと，$AE:EB=DF:FC$

$2:(5-2)=3:x$，$2x=9$，$x=4.5$

(3) $AB/\!/CD$ で，$BE:CE=AB:DC=7:5$

$\triangle BDC$ で，$EF/\!/CD$ だから，

$BE:BC=EF:CD$，$7:(7+5)=x:5$，

$12x=35$，$x=\dfrac{35}{12}$

3 (1) $x=2.5$　(2) $x=4$　(3) $x=2.5$

解説 (1) $x:5=2:(6-2)$，$4x=10$，$x=2.5$

(2) $5:2=x:1.6$，$2x=8$，$x=4$

(3) 三角形と比の定理を使って求める。

$(1+x):3.5=3:3=1:1$，$1+x=3.5$，$x=2.5$

平行線と線分の比の定理を使って，$x:3.5=3:3$ としないようにする。図をよく見て，$x\,\mathrm{cm}$ に対応するところを確かめる。

4 (1) 線分 FD　(2) $\dfrac{38}{3}\,\mathrm{cm}$

解説 (1) 三角形と比の定理が成り立つものを見つける。

$\triangle ABC$ で，$AF:FB=5:4$，$AE:EC=10:9$

$\triangle BCA$ で，$BD:DC=4:5$，$BF:FA=4:5$

$\triangle CAB$ で，$CE:EA=9:10$，$CD:DB=5:4$

これより，$BD:DC=BF:FA$ だから，$FD/\!/AC$

(2) $\triangle BCA$ で，三角形と比の定理から，

$BF:BA=FD:AC$

$4:(4+5)=FD:(15+13.5)$

$4:9=FD:28.5$

$FD=\dfrac{38}{3}(\mathrm{cm})$

5 (1) 〔証明〕 $\triangle AED$ と $\triangle GEC$ で，

対頂角は等しいから，

$\angle AED=\angle GEC$ …①

平行線の錯角は等しいから，

$\angle DAE=\angle CGE$ …②

①，②より，2 組の角がそれぞれ等しいから，

$\triangle AED\varnothing\triangle GEC$

(2) $3:2$　(3) $5:3$

解説 (1) 平行四辺形の向かいあう辺は平行であることから，$AD/\!/CG$ を使って証明する。

(2) (1)より，$\triangle AED\varnothing\triangle GEC$ だから，

$AD:GC=DE:CE=3:2$

(3) 平行四辺形 $ABCD$ より $AD=BC$ で，

$\triangle GBF\varnothing\triangle ADF$(2 組の角がそれぞれ等しい)から，

$BF:DF=BG:DA=(3+2):3=5:3$

6 (1) $2:5$　(2) $4:25$　(3) $25:81$　(4) $\dfrac{1120}{9}\,\mathrm{cm}^2$

解説 $BC/\!/DE/\!/FG$ より，$\triangle ABC$ と $\triangle ADE$ と $\triangle AFG$ は，みな相似である。

(1) $\triangle ADE$ と $\triangle AFG$ で，相似比は，

$AD:AF=4:(4+6)=4:10=2:5$

(2) (1)より，相似比は $2:5$ だから，面積比は，

$2^2:5^2=4:25$

(3) $\triangle AFG$ と $\triangle ABC$ で，相似比は，

$AF:AB=(4+6):(4+6+8)=10:18=5:9$

これより，面積比は，$5^2:9^2=25:81$

(4) $\triangle ABC$ と四角形 $FBGC$ の面積比は，

$81:(81-25)=81:56$

これより，四角形 $FBGC$ の面積を $S\,\mathrm{cm}^2$ とすると，

$81:56=180:S$　$S=\dfrac{1120}{9}$

別解 四角形 $FBCG$ の面積は，$\triangle ABC$ の面積から $\triangle AFG$ の面積をひいたものである。

$\triangle AFG$ の面積を S とすると，(3)の面積比から，

$S:180=25:81$，$81S=4500$，$S=\dfrac{500}{9}$

したがって，四角形 $FBCG=180-\dfrac{500}{9}=\dfrac{1120}{9}(\mathrm{cm}^2)$

定期テスト予想問題 ②　（p.78-79）

1 (1) **相似な三角形**…△ABC∽△DEC
　　相似条件…2 組の角がそれぞれ等しい。

　(2) **相似な三角形**…△ACO∽△BDO
　　相似条件…2 組の辺の比とその間の角がそれ
　　　　　　　　ぞれ等しい。

　(3) **相似な三角形**…△ABC∽△DAC
　　相似条件…3 組の辺の比がすべて等しい。

解説 記号∽を使って相似を表したときは，対応す
る頂点の順に並んでいるか確認する。
(1) ∠C は共通。
(2) 対頂角が等しいことを使う。
(3) AB：DA＝12：16＝3：4
　　BC：AC＝13.5：18＝3：4
　　CA：CD＝18：24＝3：4

2 (1) 6：5　(2) 10 cm
解説 (1) 相似比は，対応する辺の比に等しいから，
AD：AE＝6：5
(2) AB：AC＝6：5
EB＝x cm とすると，(5＋x)：(6＋6.5)＝6：5,
(5＋x)×5＝12.5×6, 25＋5x＝75,
5x＝50, x＝10

3 (1) x＝2.3　(2) x＝9　(3) x＝4
解説 (1) AB∥CD から，AB：DC＝AO：DO
3：6＝x：4.6, 6x＝13.8, x＝2.3
(2) 5：(5＋10)＝3：x, 5x＝45, x＝9
(3) 中点連結定理から，MN＝$\frac{1}{2}$BC＝$\frac{1}{2}$×8＝4(cm)

4 7 m
解説 電球の光は平行であると考える。AC, DF をひ
くと，△ABC∽△DEF(2 組の角はそれぞれ等しい)
これより，DE＝x m とすると，
2：x＝1.2：4.2, 1.2x＝8.4, x＝7

5 (1) 9 秒後　(2) 16 秒後
解説 (1) 右の図のようにな
るとき，△AMP∽△ABC
となる。
　△AMP∽△ABC のとき，
∠AMP＝∠ABC
このとき，MP∥BC になる。
AM＝MB だから，AP＝PC
よって，AP＝$\frac{1}{2}$AC＝$\frac{1}{2}$×18＝9(cm)

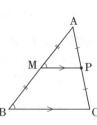

点 P は秒速 1 cm で動いているから，9 秒後になる。
(2) △APM∽△ABC のとき，対応する辺の比を考

えると，AP：AB＝AM：AC
これより，AP：24＝12：18, AP＝16(cm)
したがって，(1)と同様に考えて，16 秒後になる。

(1)と(2)では相似な図形の対応
する頂点がちがうので気をつ
ける。(2)でも右のような図を
かくと，わかりやすい。

6 〔証明〕　△ABD で，
　AP＝PB，AS＝SD より，
　中点連結定理から，PS＝$\frac{1}{2}$BD
　△CBD で，CQ＝QB，CR＝RD より，
　中点連結定理から，QR＝$\frac{1}{2}$BD
　よって，PS＝QR＝$\frac{1}{2}$BD …①
　同様にして，PQ＝SR＝$\frac{1}{2}$AC …②
　AC＝BD だから，
　①，②より，PQ＝SR＝PS＝QR
　したがって，四角形 PQRS は 4 辺が等しいから，
　ひし形である。

解説 △ABD，△CBD，△BAC，△DAC において，
中点連結定理を使って，四角形 PQRS の辺の長さ
を考える。

7 (1) 80π cm³　(2) 670 円
解説 (1) 取りのぞいた円錐の高さを x cm とすると，
取りのぞく前の円錐 A と取りのぞいた円錐 B は相
似だから，(円錐 A の底面の半径)：(円錐 B の底面
の半径)＝(円錐 A の高さ)：(円錐 B の高さ) より，
4：2＝(x＋4)：x　これを解くと，x＝4
よって，カップに入ったアイスクリームの体積は，
$\frac{1}{3}$×π×4²×8－$\frac{1}{3}$×π×2²×4＝$\frac{112}{3}$π(cm³)
半球の体積は，$\frac{4}{3}$π×4³×$\frac{1}{2}$＝$\frac{128}{3}$π(cm³)
よって，アイスクリームの体積は，
$\frac{112}{3}$π＋$\frac{128}{3}$π＝80π(cm³)
(2) 相似比が 2：3 だから体積比は，
2³：3³＝8：27
よって，L サイズの値段は，M サイズの値段の$\frac{27}{8}$倍
より安くしなくてはいけない。
200×$\frac{27}{8}$＝675(円)だから，675 円以下で最も高い 10
円単位の値段は 670 円なので，
L サイズの値段は 670 円。

1 円周角の定理

1 (1) 円周角　(2) (順に) $\frac{1}{2}$, 60

(3) (順に) 35, 70

解説 円周角と中心角の大きさの関係を確認する。

2 (1) $\angle x=50°$　(2) $\angle x=30°$　(3) $\angle x=37°$

解説 1つの弧に対する円周角の大きさは, その弧に
対する中心角の大きさの半分。

(1) $\angle x=\frac{1}{2}\times100°=50°$

(2) $\angle x=\frac{1}{2}\times60°=30°$

(3) $\angle x=\frac{1}{2}\times74°=37°$

3 (1) $\angle x=90°$　(2) $\angle x=44°$　(3) $\angle x=220°$

解説 (1) 円周角は 45° だから, $\angle x=2\times45°=90°$

(2) $\angle x=2\times22°=44°$

(3) 中心角の大きさが180°より大きくなっても, 円
周角と中心角の関係は変わらない。

$\angle x=2\times110°=220°$

4 (1) (順に) 70, 35　(2) 35

解説 $\overset{\frown}{AB}=\overset{\frown}{CD}$ だから, $\overset{\frown}{CD}$ に対する円周角の大き
さは, $\overset{\frown}{AB}$ に対する円周角の大きさと等しい。

5 (1) $\angle x=25°$　(2) $\angle x=24°$　(3) $\angle x=64°$

解説 等しい弧に対する円周角の大きさは等しい。

(1) $\overset{\frown}{AB}=\overset{\frown}{BC}$ で, $\angle APB=\angle BQC$ だから, $\angle x=25°$

(2) $\overset{\frown}{CD}$ に対する中心角は 48° だから,

$\overset{\frown}{AB}=\overset{\frown}{CD}$ で, $\angle APB=\frac{1}{2}\angle COD=\frac{1}{2}\times48°=24°$

(3) $\overset{\frown}{CD}$ に対する円周角は $\angle CPD=32°$ だから,

$\overset{\frown}{AB}=\overset{\frown}{CD}$ で, $\frac{1}{2}\angle AOB=\angle CPD=32°$

$\angle AOB=32°\times2=64°$

6 (順に) 65, BDC

解説 3点 A, B, C を通る円を考えると,
$\angle BAC$ は $\overset{\frown}{BC}$ に対する円周角と考えられる。
このとき, $\angle BAC=\angle BDC$ が成り立てば, $\overset{\frown}{BC}$ に
対する円周角の大きさが同じということなので, 点
D が同じ円周上にあることがわかり, 4点 A, B, C,
D が1つの円周上にあることが証明できる。

1 (1) $\angle x=130°$　(2) $\angle x=120°$　(3) $\angle x=60°$

(4) $\angle x=84°$　(5) $\angle x=30°$　(6) $\angle x=35°$

解説 (1) 大きいほうの $\overset{\frown}{AB}$ に対する中心角は,

$2\times115°=230°$, $\angle x=360°-230°=130°$

(2) $\overset{\frown}{ADB}$ に対する中心角は $\angle AOB=2\times60°=120°$

$\overset{\frown}{ACB}$ に対する中心角は $360°-120°=240°$

$\angle x$ は $\overset{\frown}{ACB}$ に対する円周角だから,

$\angle x=\frac{1}{2}\times240°=120°$

(3) 半円の弧に対する円周角は 90°

$\angle ACB=90°$, $\angle DCB=\angle DAB=30°$ だから,

$\angle x=90°-30°=60°$

(4) O と B を直線で結ぶと, $\angle AOB=2\angle AEB$,

$\angle BOC=2\angle BDC$ から,

$\angle x=\angle AOB+\angle BOC=2\angle AEB+2\angle BDC$

$=2(\angle AEB+\angle BDC)=2\times(22°+20°)=84°$

(5) $\angle ACB=\frac{1}{2}\angle AOB=\frac{1}{2}\times110°=55°$

また, C と O を直線で結ぶと, △OAC は OA=OC,
△OBC は OB=OC の二等辺三角形となる。
したがって,二等辺三角形の2つの底角は等しいから,

$\angle ACB=\angle OCA+\angle OCB=25°+\angle x=55°$

よって, $\angle x=55°-25°=30°$

(6) $\angle AOB=2\angle ACB=2\angle x$

三角形の内角と外角の関係から,

$\angle OAC+\angle AOB=\angle ACB+\angle CBO$

$15°+2\angle x=\angle x+50°$, $\angle x=35°$

円周角の定理だけでは求められない角の大きさは,
三角形などの性質を使うと求められることが多い。

2 (1) $x=30$　(2) $x=3$　(3) $x=15$

解説 (1) 30° と $x°$ はどちらも 4 cm の弧に対する円周
角で等しい。

(2) 1つの円における弧の長さは, その弧に対する円
周角の大きさに比例する。

$x:6=12:24$ より, $x=3$

(3) $12:4=\left(\frac{1}{2}\times90\right):x$ より, $x=15$

3 $18°$

解説 $\overset{\frown}{DB}$ に対する中心角
は $\angle DOB=36°$ だから,

$\angle DAB=\frac{1}{2}\angle DOB$

$=\frac{1}{2}\times36°=18°$

また, AC∥OD で, 平行線の同位角は等しいこと

から，∠CAO＝∠DOB＝36°

したがって，∠CAD＝∠CAO－∠DAB

$$=36°-18°=18°$$

別解 平行線の錯角は等しいことから，

∠CAD＝∠ODA

△OAD が OA＝OD の二等辺三角形であることか

ら，∠CAD＝∠ODA＝∠OAD＝$\frac{1}{2}$×36°＝18° と求

めてもよい。

④ ∠x＝104°

解説 $\overset{\frown}{CD}$ に対する円周角だから，

∠DBC＝∠DAC＝36°…①

△DBE で，三角形の内角と外角の関係から，

∠ADB＝∠DEB＋∠DBE＝32°＋36°＝68°…②

△AFD で，三角形の内角と外角の関係から，

∠x＝∠DAC＋∠ADB

したがって，①，②から，∠x＝36°＋68°＝104°

⑤ (1) 75° (2) 5：2

解説 (1) $\overset{\frown}{AB}$：$\overset{\frown}{BC}$＝1：2 だから，

∠BDC＝2∠ACB＝2×25°＝50°

また，$\overset{\frown}{AB}$ に対する円周角だから，

∠ADB＝∠ACB＝25°

ここで，△CAD は CA＝CD の二等辺三角形だから，

∠CAD＝∠CDA＝∠ADB＋∠BDC＝25°＋50°＝75°

$\overset{\frown}{CD}$ に対する円周角だから，

∠CBD＝∠CAD＝75°

> ミス対策 1つの円において，弧の長さの比が，
> その弧に対する円周角の大きさの比に等し
> いことを忘れないようにする。

(2) $\overset{\frown}{CD}$ と $\overset{\frown}{DA}$ に対する円周角の比を考える。

$\overset{\frown}{CD}$ に対する円周角は∠CBD＝75°

$\overset{\frown}{DA}$ に対する円周角は

∠DCA＝180°－（∠CAD＋∠CDA）

$$=180°-（75°+75°）=30°$$

したがって，$\overset{\frown}{CD}$：$\overset{\frown}{DA}$＝75：30＝5：2

⑥ イ，ウ

解説 1つの直線について，同じ側にある2つの角の

大きさが同じならば，4点が1つの円周上にある。

イ…∠DAC＝∠DBC＝36°

ウ…∠ABD＝180°－（40°＋90°）＝50° だから，

∠ABD＝∠ACD＝50°

⑦ ∠x＝25°，∠y＝65°

解説 $\overset{\frown}{AB}$ に対する円周角は等しいから，

∠x＝∠ADB＝25°

半円の弧に対する円周角は90°だから，∠ABC＝90°

△ABC において，∠y＝180°－（90°＋25°）＝65°

2　円の性質の利用

Step 1 基礎力チェック問題　（p.84-85）

① (順に)直径，90，半径

解説 円 O の接点 A，B は線分 PO を直径とする円

周上にある。したがって，PO を直径とする円 O′

をかいたとき，円 O′ と円 O との交点が接点となる。

② (順に)90，OB，OBP，PB

解説 線分 PA，線分 PB の長さを，点 P から円 O

にひいた接線の長さという。円の外部の1点から，

その円にひいた2つの接線の長さは等しい。

③ (順に)DEB，ACE，2組の角，EDB

解説 円を使って三角形の相似を証明するときは，

円周角の定理が利用できることが多い。

Step 2 実力完成問題　（p.86-87）

①

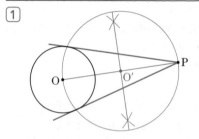

解説 円の接線の作図の手順

①2点 P，O を結ぶ。

② 線分 PO の垂直二等分線をひき，PO の中点 O′

を求める。

③ O′ を中心とする半径 O′P の円 O′ をかき，円 O

との交点をそれぞれ点 P と結ぶ。

② 34°

解説 C と O を直線で結ぶと，$\overset{\frown}{AC}$ に対する円周角

と中心角の大きさの関係から，∠AOC＝2×28°＝56°

DC は円 O の接線だから，∠OCD＝90°

したがって，△CDO で，

∠CDA＝180°－（56°＋90°）＝34°

③ 250°

解説 O と A，O と B を直線で結ぶ。

四角形 APBO で，

∠AOB＝360°－（40°＋90°×2）＝140°

∠ACB＝$\frac{1}{2}$×140°＝70°

四角形 APBC で，

$\angle PAC + \angle PBC = 360° - (40° + 70°) = 250°$

> **ミス対策** 円の接線と半径は垂直であることから，$\angle OAP = \angle OBP = 90°$ を使って，$\angle AOB$ の大きさを求める。$\angle PAC + \angle PBC$ の大きさを求めるために必要な角はどこなのかを見つけること。

4 〔証明〕 △ABE と△ACD において，
$\overarc{AD}$ に対する円周角から，$\angle ABE = \angle ACD$ …①
AE は辺 BD の垂線だから，$\angle AEB = 90°$
半円の弧に対する円周角だから，$\angle ADC = 90°$
よって，$\angle AEB = \angle ADC$ …②
①，②より，2 組の角がそれぞれ等しいから，
△ABE∽△ACD

5 〔証明〕 △ARP と△BQP において，
$\overarc{CP}$ に対する円周角から，$\angle PAR = \angle PBQ$ …①
$\overarc{AB}$ に対する円周角から，$\angle APR = \angle ACB = 90°$
だから，$\angle BPQ = 180° - \angle APR = 90°$
よって，$\angle APR = \angle BPQ$ …②
①，②より，2 組の角がそれぞれ等しいから，
△ARP∽△BQP

解説 条件を整理すると，右の図のようになる。
三角形の相似条件を覚えておくこと。
①3 組の辺の比がすべて等しい。
②2 組の辺の比とその間の角がそれぞれ等しい。
③2 組の角がそれぞれ等しい。

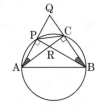

6 (1)$x=6$ (2)$x=1.5$ (3)$x=7.5$
解説 △APB と△DPC は，$\angle ABP = \angle DCP$，$\angle BAP = \angle CDP$ より，△APB∽△DPC
相似な図形の対応する辺の比は等しいことから，
PA : PD = PB : PC = AB : DC である。
(1)$4 : x = 6 : 9$ より，$x = 6$
(2)$5 : 2.5 = 3 : x$ より，$x = 1.5$
(3)$4 : 6 = 5 : x$ より，$x = 7.5$

7 (1)$35°$
(2)〔証明〕 △ABC と△EBD において，
$\angle ACB = \angle DCE + \angle ACD$ …①
$\angle EDB = \angle DAE + \angle AED$ …②
仮定より，$\angle DCE = \angle DAE$ …③
③より，4 点 A，C，E，D は 1 つの円の円周上にあるから，
$\angle ACD = \angle AED$ …④

①，②，③，④より，$\angle ACB = \angle EDB$ …⑤
共通な角だから，$\angle ABC = \angle EBD$ …⑥
⑤，⑥より，2 組の角がそれぞれ等しいから，
△ABC∽△EBD

解説 (1)△CEF において，
$\angle CFE = 180° - 115° = 65°$
△ABE において，
$\angle BEA = 65° + 40° = 105°$
$\angle ABC = 180° - (105° + 40°) = 35°$
(2)△ABC と△EBD において，$\angle ABC$ と$\angle EBD$ は共通な角である。
これ以外に，等しい角を見つけて証明する。

定期テスト予想問題 （p.88-89）

1 (1)$\angle x = 100°$ (2)$\angle x = 112°$ (3)$\angle x = 75°$
(4)$\angle x = 35°$ (5)$\angle x = 51°$ (6)$\angle x = 42°$
解説 (1)$\angle x = 2 \times 50° = 100°$
(2)大きいほうの $\overarc{AB}$ に対する中心角は，
$360° - 136° = 224°$　$\angle x = \dfrac{1}{2} \times 224° = 112°$
(3)$\angle AEC = \angle AFB + \angle BDC$ から，
$\angle x = 30° + 45° = 75°$
(4)半円の弧に対する円周角は $90°$ だから，
$\angle ABC = 90°$
$\angle x = \angle ACB = 180° - (55° + 90°) = 35°$
(5)△OAB は OA = OB の二等辺三角形だから，
$\angle AOB = 180° - 39° \times 2 = 102°$
$\angle x = \dfrac{1}{2} \times 102° = 51°$
(6)1 つの円で等しい弧に対する円周角は等しいことから，
$\angle x = 2 \times 21° = 42°$

2 (1)4.2 cm (2)$105°$
解説 (1)△ADP∽△CBP より，
PA : PC = PD : PB
$3 : PC = 5 : 7$ より，PC = 4.2(cm)
(2)AQ は直径だから，$\angle ABQ = 90°$
$\overarc{PA} = \overarc{PB}$ より，
$\angle PBA = \angle PAB$
$= (180° - 50°) \div 2 = 65°$
$\angle PBQ = 90° - 65° = 25°$
$\angle RQB = \angle APB = 50°$
したがって，$\angle QRB = 180° - (25° + 50°) = 105°$

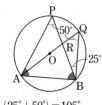

③ $\angle x = 44°$, $\angle y = 42°$

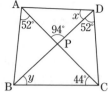

解説 右の図のように四角形の頂点を A, B, C, D とし, AC と BD の交点を P とすると, 直線 BC の同じ側に 2 点 A, D があり, $\angle BAC = \angle BDC = 52°$ から, 4 点 A, B, C, D は 1 つの円周上にある。このことから, $\angle x = \angle ACB = 44°$

$\angle y = \angle DAC = 180° - (94° + 44°) = 42°$

別解 $\angle y$ は, △BPC の内角の和からも求められる。

④ 27°

解説 A と O を直線で結んで △AOP について考えると, OA は半径で, 点 A は接点だから,

$\angle OAP = 90°$

$\angle AOP = 180° - (36° + 90°) = 54°$

$\angle AOP$ は $\overset{\frown}{AC}$ に対する中心角で, $\angle ABP$ は $\overset{\frown}{AC}$ に対する円周角であるから, $\angle ABP = \dfrac{1}{2} \times 54° = 27°$

別解 △OAB は OA=OB の二等辺三角形であることと, その内角と外角の関係を使っても求められる。

⑤ 〔証明〕 △ABC と △ACE において,

∠A は共通だから, $\angle BAC = \angle CAE$ …①

AC=AD より, △ACD は二等辺三角形だから,

$\angle ACE = \angle ADC$

$\overset{\frown}{AC}$ に対する円周角から, $\angle ADC = \angle ABC$

よって, $\angle ABC = \angle ACE$ …②

①, ②より, 2 組の角がそれぞれ等しいから,

△ABC∽△ACE

解説 右の図のように, 条件を整理する。

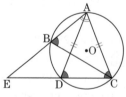

⑥ 〔証明〕 △APC と △DPB において,

対頂角は等しいから,

$\angle APC = \angle DPB$ …①

$\overset{\frown}{BC}$ に対する円周角から,

$\angle CAP = \angle BDP$ …②

①, ②より, 2 組の角がそれぞれ等しいから,

△APC∽△DPB

対応する辺の比は等しいから,

PA : PD = PC : PB

よって, PA×PB = PC×PD

解説 同じ弧に対する円周角の大きさは等しくなる。

【7章】三平方の定理

1 三平方の定理と平面図形への利用

Step 1 基礎力チェック問題 (p.90-91)

① (1) $x = \sqrt{41}$ (2) $x = \sqrt{11}$ (3) $x = 5$

解説 (1) x cm の辺が斜辺だから, $5^2 + 4^2 = x^2$,

$x^2 = 41$ $x > 0$ だから, $x = \sqrt{41}$

(2) 6 cm の辺が斜辺だから,

$x^2 + 5^2 = 6^2$, $x^2 = 11$ $x > 0$ だから, $x = \sqrt{11}$

(3) 13 cm の辺が斜辺だから,

$12^2 + x^2 = 13^2$, $x^2 = 25$ $x > 0$ だから, $x = 5$

② イ

解説 辺の長さが a, b, c の三角形で, $a^2 + b^2 = c^2$ が成り立つものを見つける。いちばん長い辺を c にあてはめて考える。

ア $2^2 + 3^2 = 13$, $4^2 = 16$ 直角三角形ではない。

イ $3^2 + 4^2 = 25$, $5^2 = 25$ → $3^2 + 4^2 = 5^2$

直角三角形である。

ウ $3^2 + 5^2 = 34$, $6^2 = 36$ 直角三角形ではない。

エ $6^2 + 7^2 = 85$, $8^2 = 64$ 直角三角形ではない。

③ (1) $x = 3$ (2) $x = 5\sqrt{2}$

解説 (1) 30°, 60°, 90° の角をもつ特別な直角三角形だから, $x : 6 = 1 : 2$, $2x = 6$, $x = 3$

(2) 45°, 45°, 90° の角をもつ特別な直角三角形だから,

$5 : x = 1 : \sqrt{2}$, $x = 5\sqrt{2}$

④ (1) $\sqrt{33}$ cm (2) $4\sqrt{33}$ cm²

解説 (1) △ABH で, AB=7 cm, BH=4 cm

$4^2 + AH^2 = 7^2$, $AH^2 = 49 - 16 = 33$

AH>0 だから, $AH = \sqrt{33}$ cm

(2) $\dfrac{1}{2} \times 8 \times \sqrt{33} = 4\sqrt{33}$ (cm²)

⑤ (1) 10 cm (2) $6\sqrt{3}$ cm

解説 (1) 対角線の長さを ℓ cm とすると, $\ell > 0$ だから,

$\ell = \sqrt{6^2 + 8^2} = \sqrt{100} = 10$

(2) 高さを h cm とすると, 右の図のような特別な直角三角形ができるから, $12 : h = 2 : \sqrt{3}$, $h = 6\sqrt{3}$

正三角形の 1 つの頂点から向かいあう辺に垂線をひいたとき, 垂線は向かいあう辺を垂直に 2 等分する。

⑥ $4\sqrt{6}$ cm

解説 △AOH で三平方の定理を使う。

$AH^2 + 5^2 = 7^2$, $AH^2 = 49 - 25 = 24$

AH>0 だから, $AH = 2\sqrt{6}$ cm

$AB=2AH=2\times2\sqrt{6}=4\sqrt{6}$ (cm)

7 (1) $5\sqrt{2}$ (2) $\sqrt{41}$

解説 (1) 2点の座標は A$(-3,\ 4)$，B$(2,\ -1)$

$AB=\sqrt{\{2-(-3)\}^2+(-1-4)^2}=\sqrt{50}=5\sqrt{2}$

(2) $AB=\sqrt{\{3-(-2)\}^2+\{1-(-3)\}^2}=\sqrt{41}$

Step 2 実力完成問題 　　　(p.92-93)

1 $(11+\sqrt{7})$ cm と $(11-\sqrt{7})$ cm

解説 直角をはさむ2辺のうちの一方を x cm とする

と，他方は $38-16-x=22-x$(cm)

したがって，三平方の定理より，

$x^2+(22-x)^2=16^2$

$x^2+484-44x+x^2=256$

整理すると，$x^2-22x=-114$

$x^2-22x+11^2=-114+11^2$

$(x-11)^2=7$，$x-11=\pm\sqrt{7}$，$x=11\pm\sqrt{7}$

ここで，$(11+\sqrt{7})+(11-\sqrt{7})=22$ だから，直角

をはさむ2辺は，$(11+\sqrt{7})$ cm と $(11-\sqrt{7})$ cm

2 ア，エ

解説 三平方の定理の逆を考える。

ア $8^2+15^2=289$，$17^2=289$

$8^2+15^2=17^2$ だから，直角三角形である。

イ $10^2+15^2=325$，$19^2=361$

$10^2+15^2\neq19^2$ だから，直角三角形ではない。

ウ $(\sqrt{6})^2+(\sqrt{8})^2=6+8=14$，$(\sqrt{10})^2=10$

$(\sqrt{6})^2+(\sqrt{8})^2\neq(\sqrt{10})^2$

エ $\sqrt{6}<2\sqrt{2}<\sqrt{14}$ だから，

$(\sqrt{6})^2+(2\sqrt{2})^2=6+8=14$，$(\sqrt{14})^2=14$

$(\sqrt{6})^2+(2\sqrt{2})^2=(\sqrt{14})^2$

> **ミス対策** まず，いちばん長い辺を見つけるこ
> とが大切。
> 次に，$a^2+b^2=c^2$ が成り立つかを調べよう。

3 (1) $5\sqrt{3}$ cm (2) $25\sqrt{3}$ cm^2

解説 (1) 右の図より，

△ABH は，30°，60°，90° の角

をもつ直角三角形だから，

AB : AH $=2:\sqrt{3}$ で，

$10:AH=2:\sqrt{3}$

よって，AH $=5\sqrt{3}$ cm

(2) △ABC$=\dfrac{1}{2}\times10\times5\sqrt{3}=25\sqrt{3}$ (cm^2)

4 (1) $4\sqrt{17}$ (2) $6\sqrt{2}$

(3) ∠C$=90°$ の直角三角形

解説 まず，点 A，B，C の x 座標の値をグラフの式

に代入して y 座標を求める。

(1) A$(-6,\ 18)$，B$(-2,\ 2)$ だから，

$AB=\sqrt{\{-2-(-6)\}^2+(2-18)^2}=\sqrt{16+256}$

　$=\sqrt{272}=4\sqrt{17}$

(2) C$(4,\ 8)$ だから，

$BC=\sqrt{\{4-(-2)\}^2+(8-2)^2}=\sqrt{36+36}$

　$=\sqrt{72}=6\sqrt{2}$

(3) $AC=\sqrt{\{4-(-6)\}^2+(8-18)^2}=\sqrt{100+100}$

　$=\sqrt{200}=10\sqrt{2}$

ここで，BC<AC<AB

$BC^2+AC^2=(6\sqrt{2})^2+(10\sqrt{2})^2=72+200=272$

$AB^2=(4\sqrt{17})^2=272$

したがって，$BC^2+AC^2=AB^2$ が成り立つので，

△ABC は ∠C$=90°$ の直角三角形になる。

5 (1) $x=15$ (2) $x=2\sqrt{21}$

解説 (1) 右の図で，

四角形 AHCD は長方形

だから，

AH$=12$ cm　BH$=9$ cm

△ABH で，$x^2=12^2+9^2=225$

$x>0$ だから，$x=15$

(2) △ADC で，$AC^2=DC^2-AD^2=6^2-4^2=20$

△ABC で，$x^2=AB^2+AC^2=(4+4)^2+20=84$

$x>0$ だから，$x=\sqrt{84}=2\sqrt{21}$

6 (1) 90° (2) $3\sqrt{5}$ cm

解説 (1) 円の接線は，その接点を通る半径と垂直に

交わる。

(2) OP$=2$ cm，OA$=7$ cm，AP>0 だから，

$AP=\sqrt{OA^2-OP^2}=\sqrt{7^2-2^2}$

　$=\sqrt{45}=3\sqrt{5}$ (cm)

7 4 cm

解説 PQ は折り目だから，

PC$=$PA$=5$ cm

また，AB$=x$ cm とおく

と，BC$=x+4$(cm)

BP$=$BC$-$PC

　$=(x+4)-5=x-1$(cm)

△ABP で，$AP^2=AB^2+BP^2$ だから，

$5^2=x^2+(x-1)^2$

整理すると，$x^2-x-12=0$

これを解くと，$x=4$，$x=-3$

$x-1>0$ より，$x>1$ だから，$x=4$

8 $\dfrac{3}{4}$ cm

解説 点 B と点 E は線対称なので，

∠ACB $=$ ∠ACF …①

AD//BC より，平行線の錯角は等しいから，
∠ACB＝∠FAC …②
①，②から，∠ACF＝∠FAC より，△FAC は二
等辺三角形だから，FA＝FC
ここで，DF＝x cm とおくと，FC＝AF＝2－x（cm）
となる。△CDF において，三平方の定理より，
$(2-x)^2=x^2+1^2$　これを解くと，$x=\dfrac{3}{4}$

2 三平方の定理の空間図形への利用

Step 1 基礎力チェック問題 　（p.94-95）

1 (1)$3\sqrt{13}$ cm　(2)∠C＝90°の直角三角形
　　(3)$3\sqrt{17}$ cm
解説 (1)△ABC は直角三角形で，AB＝6 cm，
BC＝9 cm，AC＞0 だから，AC＝$\sqrt{AB^2+BC^2}$
＝$\sqrt{6^2+9^2}$＝$\sqrt{117}$＝$3\sqrt{13}$（cm）
(2)△AGC は∠ACG＝90°の直角三角形である。
(3)△AGC で，AG^2＝AC^2＋CG^2，AG＞0 だから，
AG＝$\sqrt{AC^2+CG^2}$＝$\sqrt{(3\sqrt{13})^2+6^2}$＝$\sqrt{153}$
　　　＝$3\sqrt{17}$（cm）
別解 AG＝$\sqrt{6^2+9^2+6^2}$＝$3\sqrt{17}$（cm）
2 (1)$\sqrt{89}$ cm　(2)$5\sqrt{3}$ cm
解説 (1)$\sqrt{3^2+8^2+4^2}$＝$\sqrt{89}$（cm）
(2)$\sqrt{5^2+5^2+5^2}$＝$\sqrt{75}$＝$5\sqrt{3}$（cm）
3 (1)∠O＝90°の直角三角形
　　(2)$3\sqrt{21}$ cm　(3)$36\sqrt{21}\pi$ cm^3
解説 (2)△ABO で，AB^2＝AO^2＋OB^2 だから，
15^2＝AO^2＋6^2，AO^2＝189
AO＞0 だから，AO＝$\sqrt{189}$＝$3\sqrt{21}$（cm）
(3)底面の半径が 6 cm，高さが $3\sqrt{21}$ cm の円錐の体
積は，$\dfrac{1}{3}\pi\times6^2\times3\sqrt{21}$＝$36\sqrt{21}\pi$（cm^3）
4 (1)$10\sqrt{2}$ cm　　(2)$5\sqrt{7}$ cm
　　(3)$\dfrac{500\sqrt{7}}{3}$ cm^3　(4)$10\sqrt{2}$ cm
解説 (1)△BCD は，∠CBD＝∠CDB＝45°，
∠BCD＝90°の直角三角形だから，BC：BD＝1：$\sqrt{2}$，
10：BD＝1：$\sqrt{2}$，BD＝$10\sqrt{2}$ cm
(2)△ABH は直角三角形だから，AB^2＝AH^2＋BH^2
15^2＝AH^2＋$(5\sqrt{2})^2$，AH^2＝175
AH＞0 だから，AH＝$5\sqrt{7}$ cm
(3)$\dfrac{1}{3}\times10\times10\times5\sqrt{7}$＝$\dfrac{500\sqrt{7}}{3}$（cm^3）

(4) 側面の三角形は右の図のよ
うになる。点 A から辺 BC に
垂線をひき，交点を F とすると，
AB^2＝BF^2＋AF^2
15^2＝5^2＋AF^2，AF^2＝200
AF＞0 だから，
AF＝$10\sqrt{2}$ cm

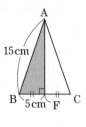

5 (1)右の図
　　(2)$6\sqrt{10}$ cm

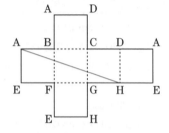

解説 (1)A と H を直線で結ぶとき，AH の長さが最
も短くなる。
(2)展開図において，△AEH は直角三角形だから，
AH^2＝AE^2＋EH^2＝6^2＋$(6+6+6)^2$＝360
AH＞0 だから，AH＝$6\sqrt{10}$ cm
6 (1)$\sqrt{110}$ cm　(2)$4\sqrt{5}$ cm
解説 (1)$\sqrt{5^2+6^2+7^2}$＝$\sqrt{110}$（cm）
(2)高さを h cm とすると，
h＝$\sqrt{12^2-8^2}$＝$\sqrt{80}$＝$4\sqrt{5}$

Step 2 実力完成問題 　（p.96-97）

1 $(9+3\sqrt{5})$ cm
解説 △EFG で，EG^2＝EF^2＋FG^2＝6^2＋3^2＝45
EG＞0 だから，EG＝$3\sqrt{5}$ cm
△AEG において，∠AEG＝90°だから，
AG^2＝AE^2＋EG^2＝2^2＋45＝49
AG＞0 だから，AG＝7 cm
AE＋EG＋AG＝$2+3\sqrt{5}+7$＝$9+3\sqrt{5}$（cm）
2 (1)$4\sqrt{3}$ cm　(2)$8\sqrt{5}$ cm
解説 (1)AG＝$\sqrt{4^2+4^2+4^2}$＝$4\sqrt{3}$（cm）
(2)AM＝MG＝GN＝NA で，
AM^2＝AB^2＋BM^2＝4^2＋2^2＝20
AM＞0 だから，AM＝$2\sqrt{5}$ cm
よって，$2\sqrt{5}\times4$＝$8\sqrt{5}$（cm）
3 6 cm
解説 OA は球の半径だから，OA＝10 cm
O′は切り口の円の中心だから，AO′＝16÷2＝8（cm）
△AOO′は，∠AO′O＝90°の直角三角形だから，
OA^2＝AO′^{2}＋OO′^{2}，10^2＝8^2＋OO′^{2}，OO′^{2}＝36
OO′＞0 だから，OO′＝6 cm
4 (1)$3\sqrt{2}$ cm　(2)$36\sqrt{2}$ cm^3

(3) $(36\sqrt{3}+36)$ cm²

解説 (1) AC は正方形
ABCD の対角線だから，
AC=$6\sqrt{2}$ cm
右の図から，
OH²=6²−$(3\sqrt{2})^2$
　　　=36−18=18
OH>0 だから，OH=$3\sqrt{2}$ cm

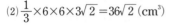

(2) $\dfrac{1}{3}\times6\times6\times3\sqrt{2}=36\sqrt{2}$ (cm³)

(3) 側面の三角形は正三角形
だから，△OAB の高さ OE は，
OE=$\dfrac{\sqrt{3}}{2}\times6$
　　=$3\sqrt{3}$ (cm)

表面積＝側面積＋底面積
$\dfrac{1}{2}\times6\times3\sqrt{3}\times4+6\times6=36\sqrt{3}+36$ (cm²)

> **ミス対策** 側面は，
> 1 辺が 6 cm の正三角
> 形が 4 つある。展開
> 図をかくとまちがい
> が防げる。

⑤ (1) 4 cm　(2) $\dfrac{128\sqrt{2}}{3}\pi$ cm³

解説 (1) 円錐の展開図のおうぎ形の弧の長さは，底面の円の周の長さに等しい。

おうぎ形の弧の長さは，$2\pi\times12\times\dfrac{120}{360}=8\pi$ (cm)

底面の半径を r cm とすると，
$2\pi r=8\pi$，$r=4$

(2) 円錐の高さを h cm とすると，
$h^2=12^2-4^2=128$
$h>0$ だから，$h=8\sqrt{2}$
$\dfrac{1}{3}\pi\times4^2\times8\sqrt{2}=\dfrac{128\sqrt{2}}{3}\pi$ (cm³)

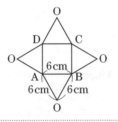

⑥ (1) $2\sqrt{29}$ cm　(2) $5\sqrt{5}$ cm

解説 (1) 右の図は，展開図の
一部である。AP+PG が最短
となるのは，AP と PG が一
直線になるときで，AG の長
さに等しい。
△AFG で，AF=8+2=10(cm)，FG=4 cm
だから，AG>0 より，
AP+PG=AG=$\sqrt{10^2+4^2}=\sqrt{116}=2\sqrt{29}$ (cm)

(2) 円柱の側面の展開
図は，右の図のように，
縦が 5 cm，横が 10 cm
の長方形になる。
円柱の側面上をひとま
わりするひもの長さが，最も短くなるとき，右上の
図の対角線 AB′ の長さに等しい。AB′>0 だから，
AB′=$\sqrt{10^2+5^2}=\sqrt{125}=5\sqrt{5}$ (cm)
実際に，ひもを巻きつける部分の展開図にひもをか
くと，求める線分の長さがわかる。

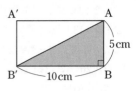

⑦ $\sqrt{13}$

解説 正四面体 ABCD の展開
図は右の図のようになる。
AE+EF+FG の長さが最も
短くなるのは，直線 AG とな
るときである。
△AA′A″ は正三角形だから，AD は A′A″ を底辺
としたときの高さとなり，
AD=$\dfrac{\sqrt{3}}{2}$A′A″=$\dfrac{\sqrt{3}}{2}\times4=2\sqrt{3}$
∠ADA′=90°，GD=1 より，△AGD で，
AG²=AD²+GD²=$(2\sqrt{3})^2+1^2=13$
AG>0 より，AG=$\sqrt{13}$

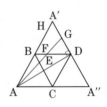

定期テスト予想問題 ①　(p.98-99)

① (1) $x=2\sqrt{41}$　(2) $x=\sqrt{39}$
　　(3) $x=9$

解説 (1) 斜辺の長さは x cm だから，
$10^2+8^2=x^2$，$x^2=164$　$x>0$ だから，$x=2\sqrt{41}$
(2) 斜辺の長さは 8 cm だから，
$x^2+5^2=8^2$，$x^2=39$　$x>0$ だから，$x=\sqrt{39}$
(3) 斜辺の長さは 15 cm だから，
$x^2+12^2=15^2$，$x^2=81$　$x>0$ だから，$x=9$

② ア，ウ

解説 ア　$9^2+12^2=225$，$15^2=225$
したがって，$9^2+12^2=15^2$
イ　$5^2+6^2=61$，$7^2=49$
したがって，$5^2+6^2\neq7^2$
ウ　辺の長さに根号をふくむ値があるときは，すべて根号を使って表し，大小を比べる。
$4=\sqrt{16}$，$6=\sqrt{36}$，$2\sqrt{5}=\sqrt{20}$ で，
$\sqrt{16}<\sqrt{20}<\sqrt{36}$ だから，$4<2\sqrt{5}<6$
$4^2+(2\sqrt{5})^2=36$，$6^2=36$
したがって，$4^2+(2\sqrt{5})^2=6^2$

エ 2<3<2√3 だから，

$2^2+3^2=13, \ (2\sqrt{3})^2=12$

したがって，$2^2+3^2 \neq (2\sqrt{3})^2$

3 (1)$\sqrt{26}$ (2)$\sqrt{161}$ cm

解説 (1) $AB=\sqrt{(3-4)^2+(-3-2)^2}=\sqrt{26}$

(2)$\sqrt{5^2+10^2+6^2}=\sqrt{161}$ (cm)

4 $4\sqrt{7}$ cm

解説 右の図のように，
BC を延長し，A から延長
線にひいた垂線との交点を
D とする。

∠ACD=180°−120°=60°

△ACD は，30°，60°，90°
の角をもつ直角三角形である。

CD：AC=1：2 だから，$CD=8\times\frac{1}{2}=4$(cm)

AD：AC=$\sqrt{3}$：2 だから，$AD=8\times\frac{\sqrt{3}}{2}=4\sqrt{3}$(cm)

△ABD で，$AB^2=(4+4)^2+(4\sqrt{3})^2=64+48=112$

AB>0 だから，$AB=\sqrt{112}=4\sqrt{7}$ (cm)

5 $4\sqrt{10}$ cm

解説 右の図のように，
中心 O から弦 AB に垂線を
ひき，弦との交点を C とす
ると，OC=3 cm である。
△OAC において，

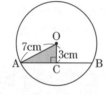

$AC^2=OA^2-OC^2=7^2-3^2=40$

AC>0 だから，$AC=\sqrt{40}=2\sqrt{10}$ (cm)

したがって，$AB=2AC=2\times2\sqrt{10}=4\sqrt{10}$ (cm)

6 (1)$\sqrt{55}$ cm (2)$3\sqrt{55}\pi$ cm³

解説 (1) 右の図で，
△ABO は ∠AOB=90°の直角三角
形になる。
AO>0 だから，

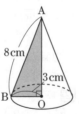

$AO=\sqrt{8^2-3^2}=\sqrt{64-9}=\sqrt{55}$ (cm)

(2)$\frac{1}{3}\pi\times3^2\times\sqrt{55}=3\sqrt{55}\pi$ (cm³)

7 (1)8 cm (2)$\frac{10}{3}$ cm

解説 (1) 頂点 D と点 F が重なるので，
AD=AF=10 cm

△ABF で，$AF^2=AB^2+BF^2$ だから，

$10^2=6^2+BF^2, \ BF^2=64$

BF>0 だから，BF=8 cm

(2)DE=x cm とすると，△EFC で，

FE=DE=x cm，EC=6−x(cm)，

FC=10−8=2(cm)

$FE^2=EC^2+FC^2$ だから，$x^2=(6-x)^2+2^2$，

$x^2=36-12x+x^2+4, \ 12x=40, \ x=\frac{10}{3}$

8 672π cm³

解説 右の図のように，AH
を辺 BC に垂直になるように
ひくと，HC=6 cm だから，
BH=12−6=6(cm)

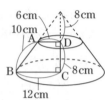

よって，△ABH で，$10^2=6^2+AH^2$

$AH^2=64$ AH>0 だから，AH=8 cm

次に，四角形 ABCD を辺
DC を軸として 1 回転させる
と右のような立体になる。求
める体積は，底面の半径が
12 cm で，三角形と比の定理
より高さが 16 cm の円錐か
ら，底面の半径が 6 cm で高さが 8 cm の円錐をひ
いたものである。したがって，

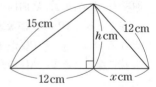

$$\frac{1}{3}\pi\times12^2\times16-\frac{1}{3}\pi\times6^2\times8$$

$$=\frac{8}{3}\pi\times(12^2\times2-6^2)=\frac{8}{3}\pi\times252=672\pi\text{(cm}^3)$$

別解 体積比を利用すると，

$1^3 : 2^3 = 1 : 8$

よって，求める体積は，

$$\frac{1}{3}\pi\times12^2\times16\times\frac{8-1}{8}=672\pi\text{(cm}^3)$$

定期テスト予想問題 ② (p.100-101)

1 (1)$x=6\sqrt{2}$ (2)$x=\frac{8\sqrt{3}}{3}$ (3)$x=3\sqrt{7}$

解説 (1)45°，45°，90°の角をもつ直角三角形の辺の
比は 1：1：$\sqrt{2}$ だから，

6：x=1：$\sqrt{2}$, $x=6\sqrt{2}$

(2)30°，60°，90°の角をもつ直角三角形の辺の比は
1：2：$\sqrt{3}$ だから，

1：$\sqrt{3}$=x：8, $\sqrt{3}x=8$, $x=\frac{8}{\sqrt{3}}=\frac{8\sqrt{3}}{3}$

(3)右の図で，
h の値を求めると，
図の斜辺が 15 cm の
直角三角形で，
$h^2=15^2-12^2=81$

また，図の斜辺が 12 cm の直角三角形で，
$h^2+x^2=12^2$ より，

$81+x^2=12^2, \ x^2=63$ x>0 だから，$x=3\sqrt{7}$

2 (1) ∠B＝90°の直角二等辺三角形

(2) $7\sqrt{3}$ cm　(3) $25\sqrt{3}$ cm²

解説 (1) $AB=\sqrt{\{1-(-5)\}^2+(-3-0)^2}=\sqrt{45}$

$BC=\sqrt{(4-1)^2+\{3-(-3)\}^2}=\sqrt{45}$

$AC=\sqrt{\{4-(-5)\}^2+(3-0)^2}=\sqrt{90}$

したがって，AB＝BC なので，△ABC は二等辺三角形になる。また，$(\sqrt{45})^2+(\sqrt{45})^2=(\sqrt{90})^2$ だから，直角三角形になる。

(2) $\sqrt{7^2+7^2+7^2}=\sqrt{7^2\times3}=7\sqrt{3}$ (cm)

(3) 1 辺 a cm の正三角形の高さは $\dfrac{\sqrt{3}}{2}a$ cm

この正三角形の高さは，$\dfrac{\sqrt{3}}{2}\times10=5\sqrt{3}$ (cm)

したがって，$\dfrac{1}{2}\times10\times5\sqrt{3}=25\sqrt{3}$ (cm²)

3 (1) $2\sqrt{3}$ cm

(2) **周の長さ**…$(4\sqrt{3}+2)$ cm

　　面積…$\sqrt{11}$ cm²

解説 (1) △ABC は正三角形で，M は BC の中点，∠AMB＝∠AMC＝90° だから，

AM は△ABC の高さになる。

したがって，$AM=\dfrac{\sqrt{3}}{2}\times4=2\sqrt{3}$ (cm)

(2) △CBD で，CM＝MB，CN＝ND から，中点連結定理より，$MN=\dfrac{1}{2}BD=\dfrac{1}{2}\times4=2$ (cm)

△AMN で，$AM=AN=2\sqrt{3}$ cm で，

周の長さは，$2\sqrt{3}\times2+2=4\sqrt{3}+2$ (cm)

△AMN の高さは，$\sqrt{(2\sqrt{3})^2-1^2}=\sqrt{11}$ (cm)

したがって，面積は，$\dfrac{1}{2}\times2\times\sqrt{11}=\sqrt{11}$ (cm²)

4 8 cm

解説 右の図のように，

OA をひくと，OA＝10 cm

また，OP⊥AP だから，

△OAP は∠APO＝90° の直角三角形である。

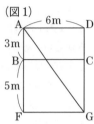

したがって，$OA^2=AP^2+OP^2$

$10^2=AP^2+6^2$，$AP^2=64$

AP＞0 だから，AP＝8 cm

5 $3\sqrt{10}$

解説 まず，点 A，B の座標を求める。点 A は，

$y=-\dfrac{1}{3}x+3$ の切片だから，$y=3$

よって，A(0, 3)

点 B は，グラフと x 軸との交点だから，グラフの式に $y=0$ を代入して，$x=9$

よって，B(9, 0)

したがって，$AB=\sqrt{(9-0)^2+(0-3)^2}=\sqrt{90}=3\sqrt{10}$

6 4 cm

解説 球の中心から切り口の円の中心にひいた直線は，切り口の円の直径と垂直に交わる。このことから，直角三角形をつくって長さを求める。

切り口の円 O′ の半径を r cm とすると，

$3^2+r^2=5^2$，$r^2=16$　$r>0$ だから，$r=4$

7 (1) 辺 BC

(2) 3 m

解説 (1) 展開図で考える。

図 1 のように，辺 BC を通る場合のひもの長さは，

$\sqrt{(3+5)^2+6^2}=\sqrt{100}=10$ (m)

図 2 のように，辺 CD を通る場合のひもの長さは，

$\sqrt{(6+5)^2+3^2}=\sqrt{130}$ (m)

図 3 のように，辺DH を通る場合のひもの長さは，

$\sqrt{(6+3)^2+5^2}$

$=\sqrt{106}$ (m)

$10<\sqrt{106}<\sqrt{130}$

より，辺 BC を通る場合が最も短い。

(2) 図 4 のように，頂点 C から線分 AG に垂線 CP をひくと，CP の長さがひもと頂点 C との距離になる。

△GCP と△GAD で，

∠G は共通

∠CPG＝∠ADG＝90°

2 組の角がそれぞれ等しいから，

△GCP∽△GAD

CP：AD＝CG：AG

　CP：6＝5：10

　　10CP＝30

　　　CP＝3 (m)

（図1）

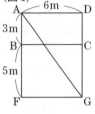

（図2）

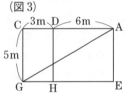

（図3）

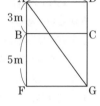

（図4）

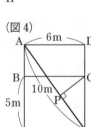

1 標本調査

1 ア，エ

解説 ア…湖の魚をすべて捕獲して調べることは，現実的には不可能である。割合を調べるなら，標本調査でも十分に目的を果たせる。

イ…1人1人の出席の状態を知るためには，全数調査が適切である。

ウ…打率は，その1年間の全打数における安打の数の割合を調べる必要があるので，全数調査が適切である。

エ…渡り鳥は群れで移動するので，同じ群れに属する鳥は，ほぼ同じ距離を移動すると考えられる。これより，標本調査が適切である。

2 ウ

解説 ア…かたよりがあるのはあきらかである。

イ…工場の機械の不具合などが，稼動時間の終わりに起きてしまったら，不良品を見逃がしてしまう。

ウ…無作為に選ばれているので，適切である。

3 (1) 母集団…1日に来館した人全員

  標本…無作為に選ばれた50人

  (2) 50（個）

解説 (1) 標本調査には，必ず母集団と標本がある。

(2) 標本の大きさは，「個」の単位をつけて表すこともある。

4 (1) イ　(2) イ

解説 (2) 標本平均の値から母集団の平均値を推定したときは，あくまでもおよその値である。

母集団の平均値は 62.5 g に近い値であり，62.5 g 以上か以下かはわからない。

5 (順に) 600，15，15，0.15，267万，267万

解説 視聴率は，調査した世帯数に対するその番組を視聴した世帯数の割合を百分率で表したものである。「％」になおすときに，桁をまちがえないように注意しよう。

$\dfrac{90}{600}=\dfrac{3}{20}=0.15$ を百分率で表すと，15％である。

母集団の数に視聴率の割合をかけることで，母集団全体における，その番組を視聴した世帯数が推定できる。このとき，母集団の数にかける値は $\dfrac{3}{20}$ などの分数でもよい。

1 (1) 袋に入っているすべての赤玉と白玉

  (2) 標本…無作為に取り出した15個の玉

   標本の大きさ…15（個）

  (3) $\dfrac{3}{5}$

  (4) 赤玉…およそ108個，白玉…およそ72個

解説 (3) 取り出した15個のうちの9個が赤玉だから，$\dfrac{9}{15}=\dfrac{3}{5}$　また，白玉の割合は $\dfrac{2}{5}$ である。

(4) 袋の中の赤玉の数はおよそ，$180\times\dfrac{3}{5}=108$（個）

袋の中の白玉の数はおよそ，$180\times\dfrac{2}{5}=72$（個）

2 およそ75匹

解説 2度めに捕獲した15匹にふくまれる印のついた亀と15匹の亀の割合は，2：15

池に生息する亀の数を x 匹とすると，印のついた亀の割合は，池全体と2度めに捕獲した15匹と等しいと考えられるので，

$10:x=2:15$

$\quad 2x=150$

$\qquad x=75$

よって，池に生息する亀は，およそ75匹いると推定できる。

3 (1) およそ600人　(2) およそ336人

解説 (1) 標本におけるA市から来ている人の割合は，

$\dfrac{75}{200}=\dfrac{3}{8}$

これより，来園者全体で，A市から来ている人はおよそ，$1600\times\dfrac{3}{8}=600$（人）と推定できる。

(2) 無作為に抽出した200人のうち，D市とその他の市から来ている人の人数の合計は，

$18+24=42$（人）

標本における割合は，$\dfrac{42}{200}=\dfrac{21}{100}$

これより，来園者全体で，A市，B市，C市の3市以外から来ている人はおよそ，

$1600\times\dfrac{21}{100}=336$（人）と推定できる。

4 およそ95個

解説 よくかき混ぜたあとに取り出した25個のペットボトルキャップのオレンジ色と白の割合は，

$6:(25-6)=6:19$

はじめに袋に入っていた白のペットボトルキャップの数を x 個とすると，

$30:x=6:19$

$\qquad 6x=570$

$\qquad x=95$

よって，袋の中に白のペットボトルキャップは，およそ95個入っていると推定できる。

> **ミス対策** オレンジ色のキャップと白のキャップの比率を考えるときに，標本と母集団がどれになるのかをまちがえないようにする。

別解 取り出した25個のペットボトルキャップにふくまれるオレンジ色のキャップと25個のキャップの割合は，6：25

はじめに袋に入っていた白のキャップにオレンジ色のキャップを加えた数を$(x+30)$個とすると，ここにふくまれるオレンジ色のキャップの割合は6：25と等しいと考えられるので，

$30:(x+30)=6:25$

$\qquad 6x+180=750$

$\qquad\qquad x=95$

⑤ **およそ11分**

解説 標本である20個の通学時間の合計は，

$12+10+16+5+9+4+20+12+18+8+6+11$
$+10+3+23+15+5+8+14+11=220$（分）

これより，標本平均は，$\dfrac{220}{20}=11$（分）

全校生徒の通学にかかる時間の平均値は，これにほぼ等しいと考えられる。

⑥ (1)45.2個 (2)**およそ60250個**

解説 (1) 選んだ10ページの見出し語の数の平均は，

$\dfrac{48+41+44+43+47+48+43+45+49+44}{10}$

$=\dfrac{452}{10}=45.2$（個）

(2) 国語辞典全体でも1ページあたりの見出し語の数の平均値が45.2個であると推定して，

$45.2\times1333=60251.6$（個）

一の位を四捨五入して，この国語辞典1冊の見出し語の総数は，およそ60250個と推定できる。

⑦ **およそ3000個**

解説 取り出した80個の玉の中の黒玉と白玉の割合は，$(80-5):5=75:5=15:1$

はじめに箱の中に入っていた黒玉の個数をx個とすると，黒玉と白玉の割合は，取り出した80個の玉の中の黒玉と白玉の割合と等しいと考えられるので，$x:200=15:1$　$x=3000$

よって，はじめに箱の中に入っていた黒玉の個数は，

およそ3000個と推定できる。

定期テスト予想問題　(p.106-107)

① (1)標本調査 (2)全数調査
(3)標本調査 (4)全数調査

解説 (3)南極の氷の成分調査は，長い円筒状のドリルで氷の一部分を取り出して調べる標本調査。

(4) 年金記録が一部不明になっている場合，もらえるはずの年金がもらえないことなどが起こるので，すべての年金加入者に対して照合調査が行われている。

② ウ

解説 アは学校によるかたより，イは行っているスポーツによるかたよりがある。

ウは，市内のすべての中学校から選ばれ，なおかつ無作為に抽出される。

③ (1)**およそ8.13秒** (2)0.07秒

解説 (1) 標本である10個の記録の平均は，

$$\dfrac{8.5+8.9+8.5+9.0+7.9+6.9+8.8+8.1+7.3+7.4}{10}$$

$$=\dfrac{81.3}{10}=8.13\text{（秒）}$$

3年生女子27人の記録の平均値は，これにほぼ等しいと考えられる。

標本平均より推定する母集団の平均値は，あくまでもおよその値である。

(2) 実際に27個の記録の平均値を求めると，8.20秒
ここから，標本平均の値をひくと，

$8.20-8.13=0.07$（秒）

④ (1)**1日の来館者全員** (2)150(個)
(3)**およそ870人**

解説 (3)標本における学生の割合は，$\dfrac{95}{150}=\dfrac{19}{30}$

これより，1日の来館者全体のうち，学生は，

$1380\times\dfrac{19}{30}=874$（人）

一の位を四捨五入して，およそ870人と推定できる。

⑤ **およそ225個**

解説 2度めに取り出したゴルフボールのうち，サインのあるもの30個の割合は，4：30＝2：15
箱の中のすべてのゴルフボールの数をx個とすると，サインのあるものの割合は，箱の中全体と2度めに取り出したゴルフボール30個と等しいと考えられるので，

$30 : x = 2 : 15$

$\quad 2x = 450$

$\quad\ \ x = 225$

よって，およそ 225 個のゴルフボールが箱の中に入っていると推定できる。

<u>1 度めに取り出すボールと 2 度めに取り出すボールの数が，どちらも 30 個で同じであるが，1 度めに取り出した 30 個は母集団のうちのサインのあるもの，2 度めに取り出した 30 個は標本全体の数である。混同しないようにする。</u>

6 6316 個

解説 10 日間で調べた花飾りの個数の合計は，

$40 \times 10 = 400$（個）

そのうち，飾れない花飾りの個数の合計は，

$5+3+1+2+1+2+1+2+1+2 = 20$（個）

よって，飾ることができる花飾りの個数の合計は，

$400 - 20 = 380$（個）

花飾りを少なくとも x 個作るとすると，作る花飾りの個数と飾ることのできる花飾りの個数の割合は，10 日間で調べた花飾りの個数と飾ることができる花飾りの個数の割合に等しいので，

$x : 6000 = 400 : 380$

$x : 6000 = 20 : 19$

$\quad 19x = 120000$

$\qquad x = 6315.7\cdots$

よって，飾ることができる花飾りを 6000 個用意するためには，少なくとも 6316 個作ればよいと推定できる。

1 (1) -3　　(2) $3a$　　(3) $\dfrac{9x+2y}{24}$

(4) $2(x-2)(x-5)$　　(5) $1+\sqrt{3}$

(6) $x=1,\ x=-\dfrac{5}{2}$　　(7) 14

(8)① $\dfrac{1}{2}$　　② $\dfrac{1}{4}$

(9) **男子…243 人，女子…228 人**

解説 (1) $-12+(-3)^2 = -12+9 = -3$

(2) $12a^2b \div 4ab = \dfrac{12a^2b}{4ab} = 3a$

(3) $\dfrac{3x-y}{6} - \dfrac{x-2y}{8} = \dfrac{4(3x-y)-3(x-2y)}{24}$

$\quad = \dfrac{12x-4y-3x+6y}{24} = \dfrac{9x+2y}{24}$

(4) $2x^2-14x+20 = 2(x^2-7x+10) = 2(x-2)(x-5)$

(5) $(\sqrt{3}+2)(\sqrt{3}-1)$

$\quad = (\sqrt{3})^2+(2-1)\sqrt{3}+2\times(-1)$

$\quad = 3+\sqrt{3}-2 = 1+\sqrt{3}$

(6) $2x^2+3x-5 = 0$

解の公式に $a=2,\ b=3,\ c=-5$ を代入すると，

$x = \dfrac{-3\pm\sqrt{3^2-4\times2\times(-5)}}{2\times2}$

$\quad = \dfrac{-3\pm\sqrt{9+40}}{4} = \dfrac{-3\pm7}{4}$

$x = \dfrac{-3+7}{4} = \dfrac{4}{4} = 1,\ x = \dfrac{-3-7}{4} = \dfrac{-10}{4} = -\dfrac{5}{2}$

(7) $\sqrt{\dfrac{56}{n}} = \sqrt{\dfrac{2\times2\times2\times7}{n}}$ だから，この値が整数となるのは，$\sqrt{\ }$ の中がある整数の 2 乗の形になっているときである。それは $n=2\times7=14$ のとき，または $n=2\times2\times2\times7=56$ のときだから，$n=14$ が最も小さい自然数 n の値である。

(8) 2 つのさいころの目の出方は全部で 36 通りある。

① 2 つのさいころの目の出方を $(a,\ b)$ と表すと，$a+b$ の値が奇数になるのは，（偶，奇），（奇，偶）のいずれかのときである。（偶，奇）の場合は 9 通り，（奇，偶）の場合も 9 通りあり，$9+9=18$（通り）

よって，$\dfrac{18}{36} = \dfrac{1}{2}$

② ab の値が奇数になるのは，（奇，奇）のときだけである。この場合は全部で 9 通りある。

よって，$\dfrac{9}{36} = \dfrac{1}{4}$

(9) 昨年度の男子生徒数を x 人，女子生徒数を y 人
とすると，
$$\begin{cases} x+y=465 \\ 1.08x+0.95y=471 \end{cases}$$
という連立方程式がたてられる。これを解くと，
$x=225$，$y=240$
よって，今年度の男子生徒数は，
$225\times1.08=243$(人)
女子生徒数は，$471-243=228$(人)

2 およそ 100 個

解説 2 度めに取り出したテニスボールのうち，印の
ついたものと 20 個の割合は，$4:20$
箱の中のテニスボールの総数を x 個とすると，母
集団と標本で，印のついたテニスボールの割合が等
しいと考えられるので，
$20:x=4:20$，$4x=400$，$x=100$
よって，箱の中に入っているテニスボールの総数は，
およそ 100 個と推定できる。

3 (1) $64°$　(2) $91°$

解説 (1) BE∥CD から，$\angle ECD=58°$
仮定より，$\angle BCD=2\angle ECD=2\times58°=116°$
平行四辺形のとなりあう角の和は $180°$ になること
から，$\angle x=180°-\angle BCD=180°-116°=64°$
(2) $\overset{\frown}{AC}$ に対する円周角と中心角の関係から，
$\angle ABC=\dfrac{1}{2}\angle AOC=\dfrac{1}{2}\times50°=25°$
$\angle OBD=25°+33°=58°$
△OBD は OB＝OD の二等辺三角形だから，
$\angle ODB=\angle OBD=58°$
△BDE において，内角と外角の関係から，
$\angle x=\angle DBE+\angle BDE=33°+58°=91°$

4 (1) $a=8$　(2) $y=-x+6$　(3) $\dfrac{32}{3}$ cm²

解説 (1) 点 A は直線 ℓ 上の点だから，
$4=3x-2$ より，$x=2$
よって，点 A の座標は $(2,\ 4)$
反比例 $y=\dfrac{a}{x}$ は点 A を通るので，$4=\dfrac{a}{2}$ より，$a=8$
(2) 傾きが -1 なので，直線 n の式は $y=-x+b$ と
おける。これが A$(2,\ 4)$ を通るから，
$4=-2+b$ より，$b=6$
よって，直線 n の式は，$y=-x+6$
(3) 点 B の x 座標は，直線 ℓ の式に $y=0$ を代入して，
$0=3x-2$ より，$x=\dfrac{2}{3}$
点 C の x 座標は，直線 n の式に $y=0$ を代入して，
$0=-x+6$ より，$x=6$

また，点 A の y 座標は 4 より，求める△ABC の面
積は，$\dfrac{1}{2}\times\left(6-\dfrac{2}{3}\right)\times4=\dfrac{32}{3}$(cm²)

5 (1) $(16+32\sqrt{2})$ cm²　(2) $\dfrac{32\sqrt{7}}{3}$ cm³

解説 (1) 側面となる三角形の高さは，
$\sqrt{6^2-2^2}=\sqrt{32}=4\sqrt{2}$ (cm)
よって，求める表面積は，
$4^2+\dfrac{1}{2}\times4\times4\sqrt{2}\times4=16+32\sqrt{2}$ (cm²)

(2) 正四角錐の高さは，
$\sqrt{(4\sqrt{2})^2-2^2}=\sqrt{28}=2\sqrt{7}$ (cm)
よって，求める体積は，
$\dfrac{1}{3}\times4^2\times2\sqrt{7}=\dfrac{32\sqrt{7}}{3}$ (cm³)

6 (1) 900 m　(2) $y=150x-900$　(3) 300 m

解説 (1) 母親はつねに同じ速さで進むので，A さん
に追いついた時間は，$6+(18-6)\div2=12$(分後)
一方，A さんの歩く速さは，$1200\div16=75$ より，
75 m/分であるから，12 分間に進む距離は，
$75\times12=900$(m)
(2) グラフより，$6\leqq x\leqq12$ の範囲の母親についての
グラフは，$(6,\ 0)$，$(12,\ 900)$ の 2 点を通る直線で
ある。この直線の式を求めると，$y=150x-900$
(3) $12\leqq x\leqq18$ の範囲で，母親についてのグラフは，
$(12,\ 900)$，$(18,\ 0)$ の 2 点を通る直線で，これを
式にすると，$y=-150x+2700$ である。この式に，
$x=16$ を代入して，$y=-150\times16+2700=300$
これより，家から 300 m の地点とわかる。

7 (1) 〔証明〕　△ABD と△DCE で，
半円の弧に対する円周角だから，
$\angle ADB=90°$　…①
仮定より，$\angle DEC=90°$　…②
①，②より，$\angle ADB=\angle DEC$　…③
また，$\overset{\frown}{AD}$ に対する円周角から，
$\angle ABD=\angle DCE$　…④
③，④より，2 組の角がそれぞれ等しいから，
△ABD∽△DCE

(2) $3\sqrt{2}$ cm

解説 (2) 仮定より，△AED は AE＝ED，$\angle AED=90°$
の直角二等辺三角形だから，
$\angle EAD=\angle EDA=45°$
$\overset{\frown}{CD}$ に対する円周角と中
心角の関係より，
$\angle COD$
$=2\angle CAD=2\times45°=90°$

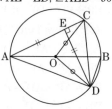

ここで，OC，OD は円 O の半径だから，OC＝OD
よって，△OCD は直角二等辺三角形である。
仮定より，OC＝OD＝3 cm で，
OC：CD＝1：$\sqrt{2}$ だから，CD＝3×$\sqrt{2}$＝$3\sqrt{2}$ (cm)

別解 △AED が AE＝ED の直角二等辺三角形だから，AD：DE＝$\sqrt{2}$：1
△ABD∽△DCE より，BA：CD＝AD：DE，
6：CD＝$\sqrt{2}$：1，CD＝$3\sqrt{2}$ (cm)

⑧ (1)$a=\dfrac{1}{4}$，$b=4$，$c=16$

(2)$y=3x-8$　(3)(0，7)

解説 (1)関数 $y=ax^2$ のグラフが点 A$(-2，1)$
を通ることから，$1=a\times(-2)^2$ より，$a=\dfrac{1}{4}$

点 B の座標は，$y=\dfrac{1}{4}\times4^2=4$ より，B$(4，4)$

点 C の座標は，$y=\dfrac{1}{4}\times8^2=16$ より，C$(8，16)$

(2)2 点 B$(4，4)$，C$(8，16)$ を通る直線の式を
$y=dx+e$ とおくと，$\begin{cases}4=4d+e\\16=8d+e\end{cases}$

これを d，e についての連立方程式とみて解くと，
$d=3$，$e=-8$

よって，求める直線 BC の式は，$y=3x-8$

(3)△ABC と△BCD は，
辺 BC を共通な底辺とす
る三角形だから，点 A
と点 D は，BC と平行な
直線上にある。この直線
を ℓ とおくと，直線 ℓ の
式は，$y=3x+f$ とおける。
点 A$(-2，1)$ を通るから，
$1=3\times(-2)+f$，$f=7$
これより，直線 ℓ の式は，$y=3x+7$ だから，
D$(0，7)$

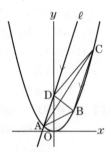

⑨ (1)$\sqrt{5}$ 秒後

(2)$(10-2\sqrt{6})$ 秒後，$\dfrac{20}{3}$ 秒後，$(4+2\sqrt{5})$ 秒後

(3)1：2

解説 (1)点 P が頂点 A を出発してから x 秒後に，
$EP^2+PD^2+DE^2=90$ となるとする。
点 P は秒速 1 cm で動くので，点 P が辺 AB 上に
あるとき，AP＝x cm と表せる。
$EP^2=AP^2+AE^2=x^2+2^2$
$PD^2=AP^2+AD^2=x^2+6^2$
$DE^2=AD^2+AE^2=6^2+2^2=40$
$EP^2+PD^2+DE^2=90$ より，

$(x^2+4)+(x^2+36)+40=90$，
$2x^2=10$，$x^2=5$，$x=\pm\sqrt{5}$
$0\leqq x\leqq4$ より，$x=\sqrt{5}$
つまり，$\sqrt{5}$ 秒後である。

(2)頂点 A を出発してから x 秒後に，△PDE が二
等辺三角形となるのは，
次の 3 通りの場合があ
る。

(i) DE＝EP
(ii) DE＝PD
(iii) EP＝PD

(i) DE＝EP のとき，
$DE^2=EP^2$，$40=x^2-8x+36$，$x^2-8x-4=0$
これを解いて，$x=4\pm2\sqrt{5}$
$4\leqq x\leqq10$ より，$x=4+2\sqrt{5}$

(ii) DE＝PD のとき，
$DE^2=PD^2$，$40=x^2-20x+116$，$x^2-20x+76=0$
これを解いて，$x=10\pm2\sqrt{6}$
$4\leqq x\leqq10$ より，$x=10-2\sqrt{6}$

(iii) EP＝PD のとき，
$EP^2=PD^2$，$x^2-8x+36=x^2-20x+116$，
$12x=80$，$x=\dfrac{20}{3}$

これは $4\leqq x\leqq10$ にあてはまる。

以上より，$(4+2\sqrt{5})$ 秒後，$(10-2\sqrt{6})$ 秒後，
$\dfrac{20}{3}$ 秒後に△PDE は二等辺三角形になる。

(3)面 EBD で，点 E と点 Q を通る直線が BD と交
わる点を R とすると，R は面 AEGC 上の点でもあ
るから，R は BD と AC の交点，すなわち，長
方形 ABCD の対角線の交点である。
ここで，平面 AEGC を取り出して考えると，点 R
は AC の中点であり，
△AQR∽△GQE
が成り立つので，
　AQ：QG
＝AR：EG＝1：2

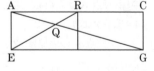